# 地市电力调度控制自动化作业一本通

# 运行巡视

国网宁波供电公司　编

**图书在版编目（CIP）数据**

地市电力调度控制自动化作业一本通. 运行巡视 / 国网宁波供电公司编. —北京：中国电力出版社，2019.9

ISBN 978-7-5198-3430-2

Ⅰ. ①地… Ⅱ. ①国… Ⅲ. ①电力系统调度–调度自动化系统 Ⅳ. ①TM734

中国版本图书馆 CIP 数据核字（2019）第 146743 号

出版发行：中国电力出版社
地　　址：北京市东城区北京站西街 19 号
邮政编码：100005
网　　址：http://www.cepp.sgcc.com.cn
责任编辑：罗　艳　高　芬
责任校对：黄　蓓　李　楠
装帧设计：张俊霞
责任印制：石　雷

印　　刷：北京博图彩色印刷有限公司
版　　次：2019 年 9 月第一版
印　　次：2019 年 9 月北京第一次印刷
开　　本：787 毫米×1092 毫米　横 32 开本
印　　张：4.25
字　　数：87 千字
印　　数：0001—1500 册
定　　价：29.00 元

# 编 委 会

# 前言

针对电网调度自动化运维工作在“地县一体化”新运行模式中遇到的难点和由此带来的安全风险，为推动新模式下系统运行维护工作的标准化、规范化，规避安全风险，从而切实保障电网调度自动化系统安全稳定运行，迫切需要制订一本适合地县两级电网调度自动化运维工作的标准化实用手册。

本书为“地市电力调度控制自动化作业一本通”丛书之一，着重从专业运维的角度出发，以电网调度自动化运行值班日常巡视为主线，列举了前期准备、调控技术支持系统巡视、调度数据网及安防系统巡视、电能量采集计量系统巡视、综合辅助系统巡视、机房设备巡视、现场应急处置等方面的作业内容和工作流程，内容涵盖地县两级电网调度自动化系统的运行值班、事故处理等日常基本作业，并着重说明其中的技术难点和安全注意事项。本书不仅可用于自动化运维专业人员的日常工作，还可用作新进员工的培训教材。

本书由国网宁波供电公司组织编写，以宁波电网“地县一体化”系统日常运维工作的实际经验为基础，不断提炼、总结，历经一年时间编写完成。本书在编写过程中得到相关单位及专家的大力支持，在此致以诚挚的感谢！

由于编者水平有限，疏漏之处在所难免，恳请各位领导、专家和读者提出宝贵的意见。

**编　者**

2019 年 6 月

# 目录

# 第一部分　前期准备

## 一、巡视工作要求

各级调控中心应设自动化运行值班人员，负责主站系统的日常运行巡视工作。运行值班人员应经专业培训，熟悉自动化运行系统结构、性能和操作方式，能熟练进行设备监视、测试和应急处置。自动化运行值班应实行 24h 不间断值班。

（1）主站系统及其附属设备的巡视应至少两人一组。

（2）巡视人员需熟练掌握主站系统、设备故障的应急方案和处理流程。

（3）巡视人员需着统一工装，穿绝缘鞋，鞋面保持清洁。

（4）巡视人员工作日禁止饮用酒精类饮料。

禁止酒后上岗

（5）巡视人员无不良情绪。

（6）提前规划好巡视路线，依照由外至内的基本原则，依次巡视机房各功能区域。

## 二、巡视资料及器具准备

包括应急灯、票夹、巡视单、笔、通信工具、门禁卡等。

# 第二部分　调控技术支持系统巡视

## 一、服务器关键资源检查

（1）使用命令“df-k”查看磁盘率。

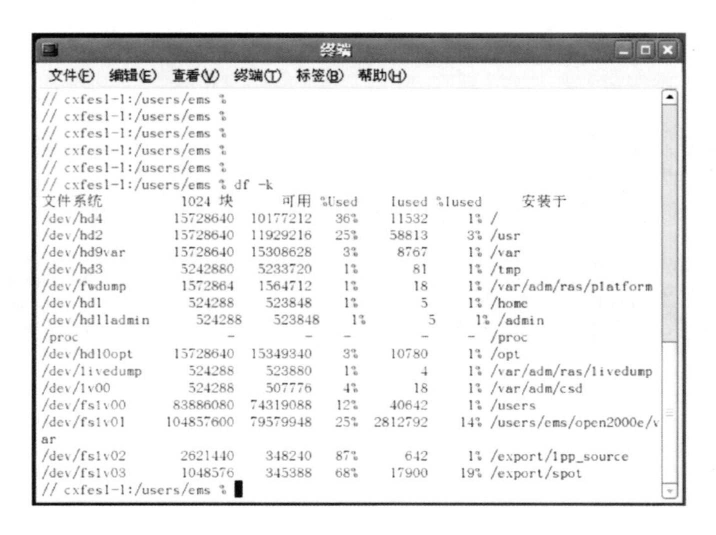

终端

文件(F) 编辑(E) 查看(V) 终端(T) 标签(B) 帮助(H)

```
// cxfesl-1:/users/ems %
// cxfesl-1:/users/ems %
// cxfesl-1:/users/ems %
// cxfesl-1:/users/ems %
// cxfesl-1:/users/ems %
// cxfesl-1:/users/ems % df -k
文件系统            1024 块      可用 %Used    Iused %Iused      安装于
/dev/hd4           15728640  10177212   36%    11532     1% /
/dev/hd2           15728640  11929216   25%    58813     3% /usr
/dev/hd9var        15728640  15308628    3%     8767     1% /var
/dev/hd3            5242880   5233720    1%       81     1% /tmp
/dev/fwdump         1572864   1564712    1%       18     1% /var/adm/ras/platform
/dev/hd1             524288    523848    1%        5     1% /home
/dev/hd11admin        524288    523848    1%        5     1% /admin
/proc                     -         -     -        -     -  /proc
/dev/hd10opt       15728640  15349340    3%    10780     1% /opt
/dev/livedump        524288    523880    1%        4     1% /var/adm/ras/livedump
/dev/lv00            524288    507776    4%       18     1% /var/adm/csd
/dev/fslv00        83886080  74319088   12%    40642     1% /users
/dev/fslv01       104857600  79579948   25%  2812792    14% /users/ems/open2000e/v
ar
/dev/fslv02         2621440    348240   87%      642     1% /export/lpp_source
/dev/fslv03         1048576    345388   68%    17900    19% /export/spot
// cxfesl-1:/users/ems %
```

温馨提示：磁盘使用率＞80%时数据备份后进行磁盘清理。

（2）使用命令“vmstat 2”查看服务器 CPU 使用率。

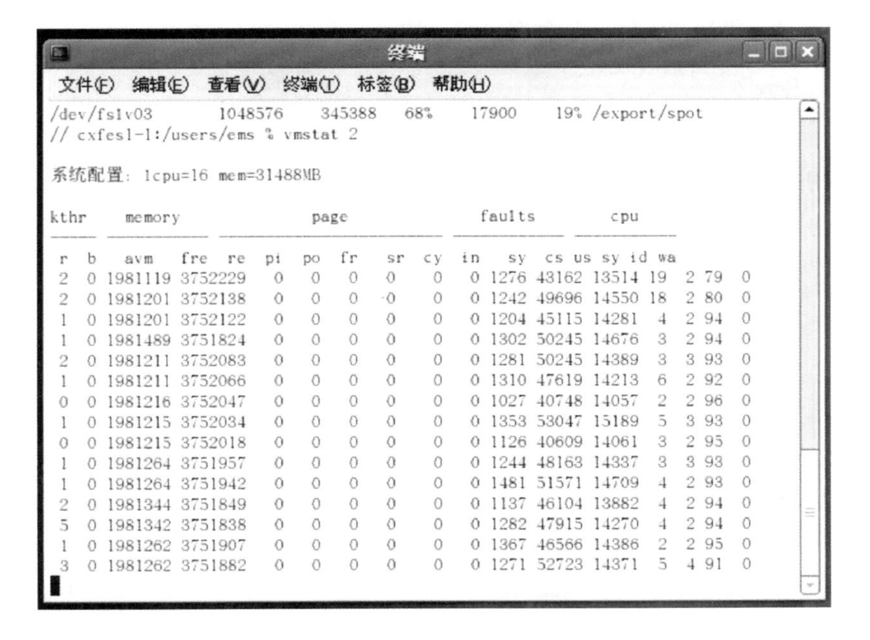

## 二、平台应用状态检查

（1）使用命令“showservice”查看服务器应用。

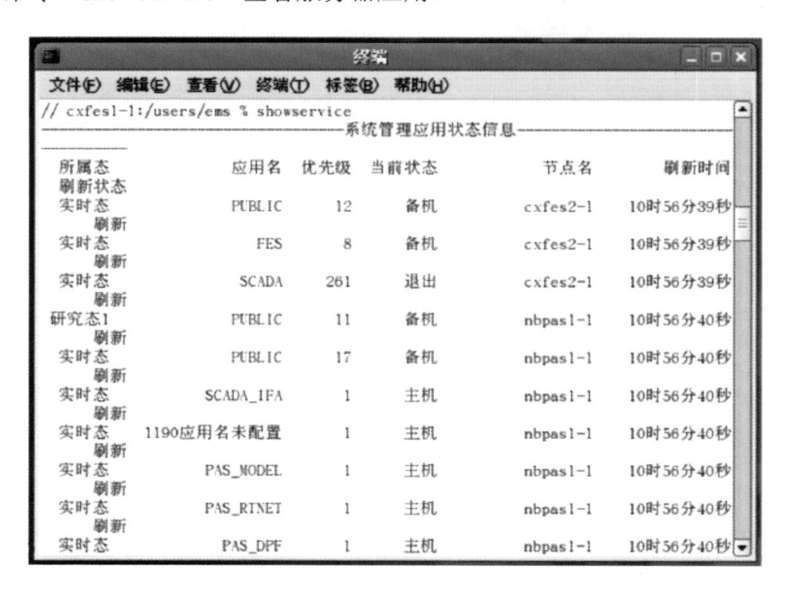

（2）查看历史告警。

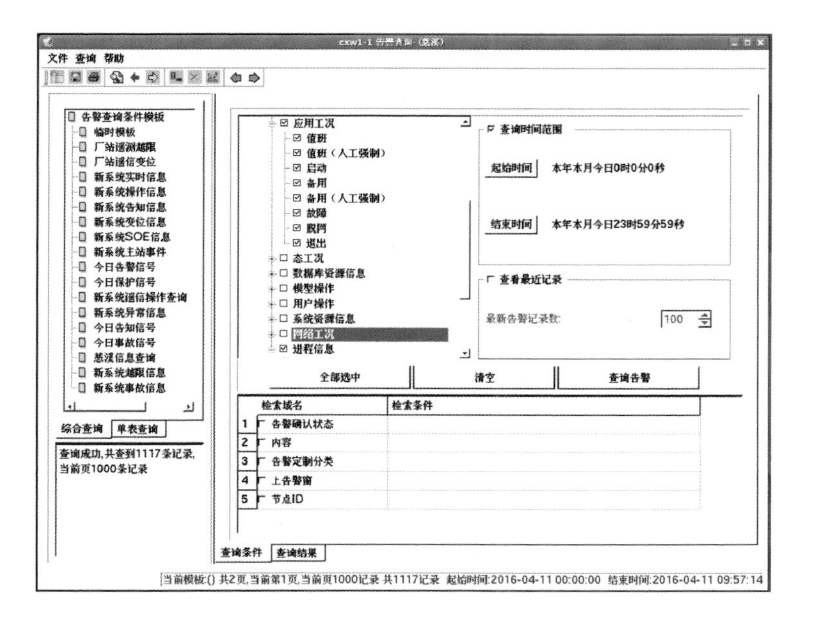

文件 查询 帮助
告警查询条件模板
临时模板
厂站遥测越限
厂站遥信变位
新系统实时信息
新系统操作信息
新系统告知信息
新系统变位信息
新系统SOE信息
新系统主站事件
今日告警信号
今日保护信号
新系统遥信操作查询
新系统异常信息
今日告知信号
今日事故信号
悬浮信息查询
新系统越限信息
新系统事故信息
综合查询
单表查询
查询成功,共查到1117条记录,
当前页1000条记录
应用工况
值班
值班（人工强制）
启动
备用
备用（人工强制）
故障
脱网
退出
态工况
数据库资源信息
模型操作
用户操作
系统资源信息
网络工况
进程信息
查询时间范围
起始时间
本年本月今日0时0分0秒
结束时间
本年本月今日23时59分59秒
查看最近记录
最新告警记录数:
100
全部选中
清空
查询告警
检索域名
检索条件
1 告警确认状态
2 内容
3 告警定制分类
4 上告警窗
5 节点ID
查询条件
查询结果
当前模板:() 共2页,当前第1页,当前页1000记录 共1117记录 起始时间:2016-04-11 00:00:00 结束时间:2016-04-11 09:57:14

## 三、查看数据库连接状态

登录应用服务器，使用命令“get_all_db”，查看数据库连接状态。

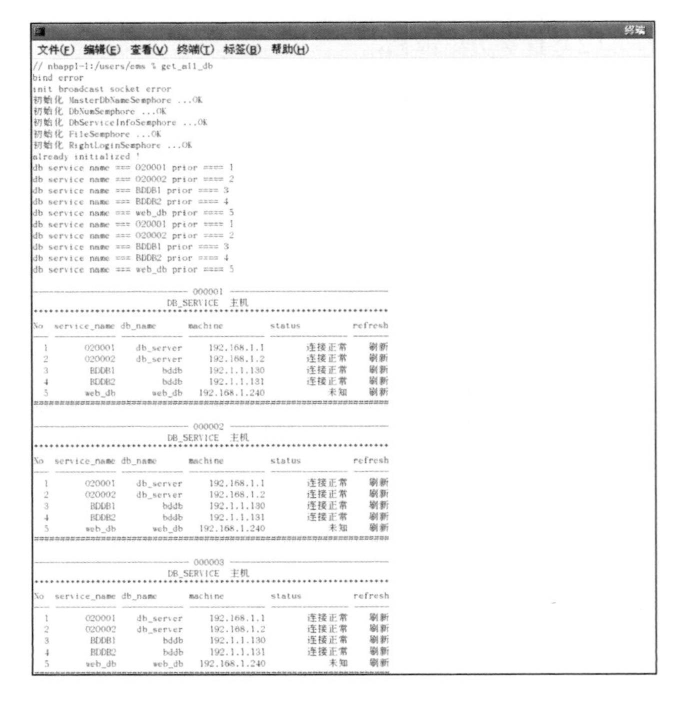

## 四、查看是否有文件堆积

使用命令“search_file”查看是否有文件堆积。

```
终端
文件(F)  编辑(E)  查看(V)  终端(T)  标签(B)  帮助(H)
// nbappl-1:/users/ems % search_file
bind error
init broadcast socket error
---------------------------- db_commit sample ----------------------------
db_commit/sample/high/out: 0 files
db_commit/sample/middle/out: 0 files
db_commit/sample/low/out: 0 files
---------------------------- db_commit scada ----------------------------
db_commit/scada/high/out: 0 files
db_commit/scada/middle/out: 6 files (WARN first time = 2016-06-03 10:43:26)
db_commit/scada/low/out: 0 files
---------------------------- db_rep (分目录方式查找)----------------------------
db_rep/bddb/lob.out: 1 dirs first dir name is (REP_2016060310) 0 files
db_rep/bddb/out: 1 dirs first dir name is (REP_2016060310) 0 files
db_rep/db_server/lob.out: 0 dirs 0 files
db_rep/db_server/out: 0 dirs 0 files
db_rep/web_db/lob.out: 1 dirs first dir name is (REP_2016060310) 0 files
db_rep/web_db/out: 1 dirs first dir(REP_2016060310) has 6 files (repl first time = 2016-06-03 10:43:25)
---------------------------- re_commit ----------------------------
re_commit/out: 0 files
```

## 五、厂站通道及工况检查

信息传输系统是电力调度自动化系统的重要组成部分，负责主站与厂站之间的信息交换，肩负厂站信息上送和主站控制命令下发的重要使命，信号传输质量直接影响整个调度自动化系统的质量。为此，自动化人员应在日常巡视中加强厂站通道及工况的检查，及时发现异常情况。

1. 查看厂站工况图

在主目录（见图）中点击“工况”，进入220kV变电站地县调控一体化系统工况图界面（见图）。

显示了宁波地区220kV变电站厂站工况、各通道工况、通道值班情况以及通道所连前置机。▶

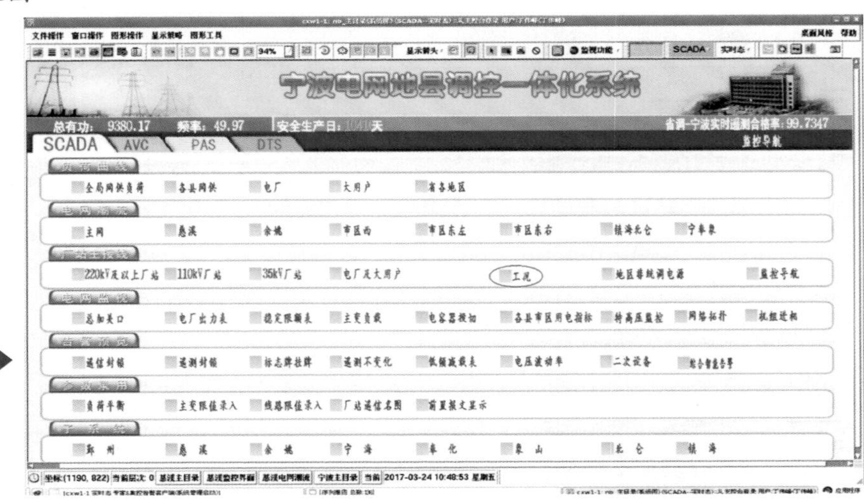

主目录

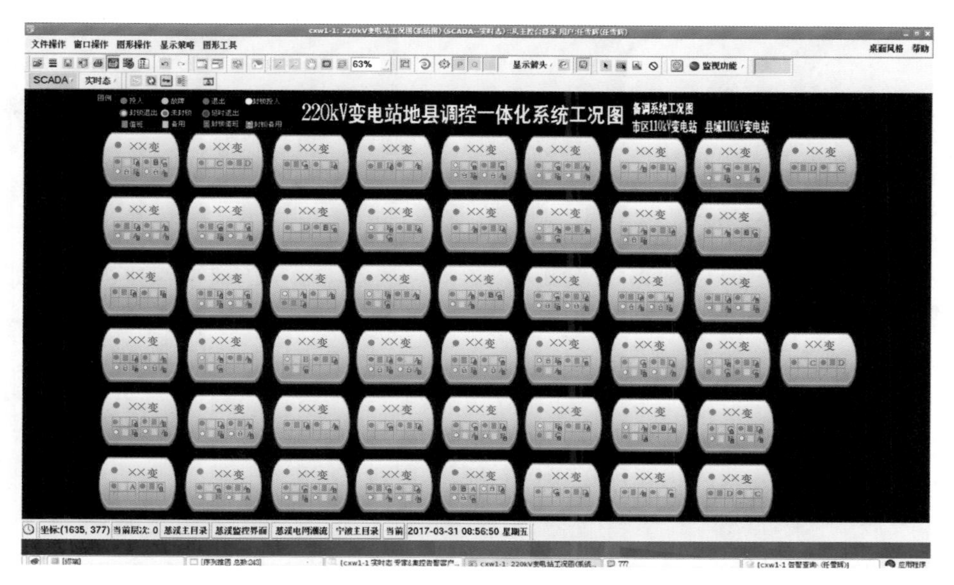


220kV 变电站地县调控一体化系统工况图界面

▲当鼠标放到相应通道图元上时，浮动窗口会显示相应的通道信息。

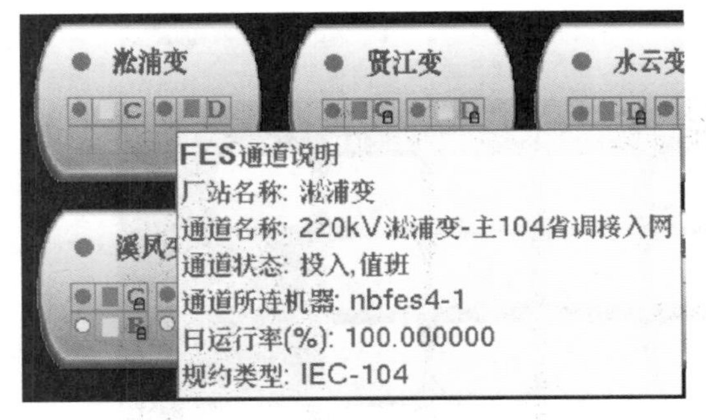


淞浦变电站通道 1



淞浦变电站通道 2

以淞浦变电站为例：

◆淞浦变电站共两个通道，分别为主 104 省调接入网和主 104 地调接入网。

◆当前两个通道均未投入状态，主 104 省调接入网通道值班。

◆主 104 省调接入网通道运行于 D 机（nbfes4-1），主 104 地调接入网通道运行于 C 机（nbfes3-1）。

点击右上角“市区 110kV 变电站”和“县域 110kV 变电站”，可查看 110kV 变电站工况情况。巡视人员若发现厂站工况或者通道工况灯为红色，表示该厂站或通道退出，自动化人员应立即检查故障原因，并通知调控值班人员说明情况。

2. 查看历史告警

主控台上点击“告警查询”，打开告警查询界面（见图），选择“前置系统”，可以进一步详细查询厂站、通道历史信息，其中：

◆通信厂站工况——查看厂站工况投退情况。

◆通道值班备用——查看通道值班备用情况。

◆通道工况——查看通道投退情况。

要特别关注工况频繁投退的通道，及时通知相关专职查找原因，处理异常。

告警查询界面

## 六、关口总加曲线检查

负荷总加是电网运行的重要参数，日常运行中加强各级关口总加的巡视，通过关口总加曲线检查能非常直观地发现关口总加的各类异常。检查过程如下：

（1）在主目录（见图）中点击“全局网供负荷”。

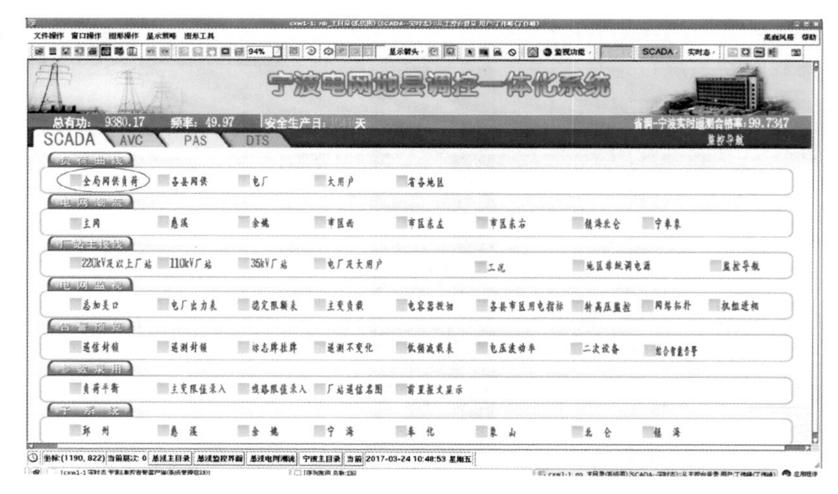


主目录

（2）进入全局统调负荷曲线界面（见图）。该页面直观显示了统调负荷的今日曲线、昨日曲线和计划值曲线。页面右侧还列了网供有功功率、网供无功功率及各县公司的关口负荷总加，巡视人员可以通过鼠标右键相关数据查看、检查各级负荷总加曲线。

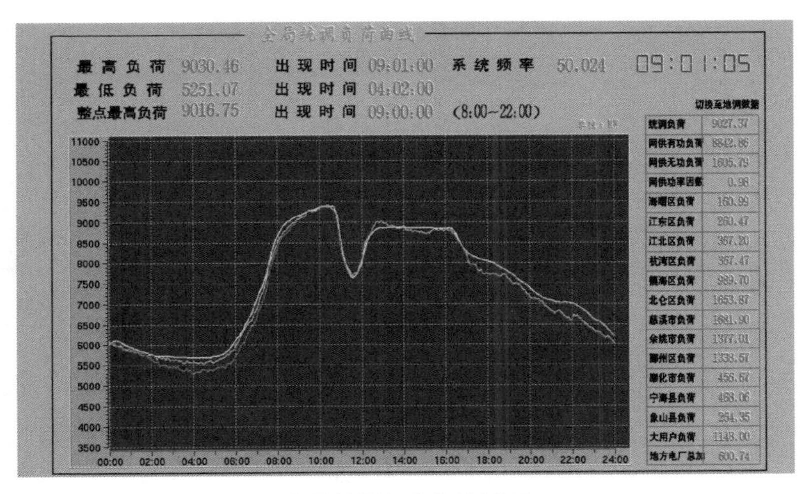


全局统调负荷曲线界面

（3）鼠标右键点击“关口总加数据”，选择“公式分量显示”（见图），该界面可以检查关口总加各分量数据状态，当发现有分量不刷新现象等异常时，应告知相关专职查找原因。

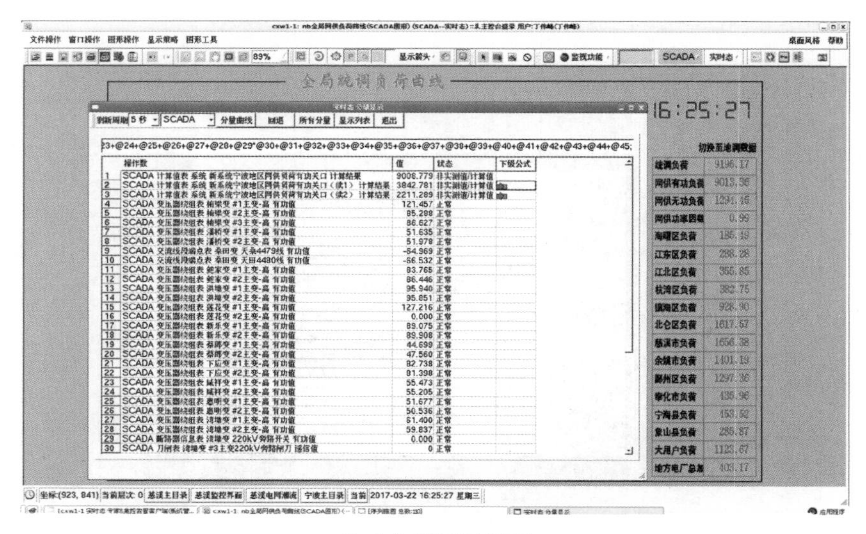


| | 操作数 | 值 | 状态 | 下级公式 |
|---|---|---|---|---|
| 1 | SCADA 计算值表 系统 新系统宁波地区网供负荷有功关口 计算结果 | 9008.779 | 非实测值/计算值 | |
| 2 | SCADA 计算值表 系统 新系统宁波地区网供负荷有功关口（续1） 计算结果 | 3842.781 | 非实测值/计算值 | |
| 3 | SCADA 计算值表 系统 新系统宁波地区网供负荷有功关口（续2） 计算结果 | 2211.289 | 非实测值/计算值 | |
| 4 | SCADA 变压器绕组表 梅梁变 #1主变-高 有功值 | 121.457 | 正常 | |
| 5 | SCADA 变压器绕组表 梅梁变 #2主变-高 有功值 | 85.288 | 正常 | |
| 6 | SCADA 变压器绕组表 梅梁变 #3主变-高 有功值 | 86.627 | 正常 | |
| 7 | SCADA 变压器绕组表 潘桥变 #1主变-高 有功值 | 51.635 | 正常 | |
| 8 | SCADA 变压器绕组表 潘桥变 #2主变-高 有功值 | 51.978 | 正常 | |
| 9 | SCADA 交流线段端点表 桑田变 天桑4479线 有功值 | -64.969 | 正常 | |
| 10 | SCADA 交流线段端点表 桑田变 天田4480线 有功值 | -66.532 | 正常 | |
| 11 | SCADA 变压器绕组表 鲍家变 #1主变-高 有功值 | 83.765 | 正常 | |
| 12 | SCADA 变压器绕组表 鲍家变 #2主变-高 有功值 | 86.446 | 正常 | |
| 13 | SCADA 变压器绕组表 洪塘变 #1主变-高 有功值 | 95.940 | 正常 | |
| 14 | SCADA 变压器绕组表 洪塘变 #2主变-高 有功值 | 95.851 | 正常 | |
| 15 | SCADA 变压器绕组表 莲花变 #1主变-高 有功值 | 127.216 | 正常 | |
| 16 | SCADA 变压器绕组表 莲花变 #2主变-高 有功值 | 0.000 | 正常 | |
| 17 | SCADA 变压器绕组表 新乐变 #1主变-高 有功值 | 89.075 | 正常 | |
| 18 | SCADA 变压器绕组表 新乐变 #2主变-高 有功值 | 89.908 | 正常 | |
| 19 | SCADA 变压器绕组表 蔡郎变 #1主变-高 有功值 | 44.699 | 正常 | |
| 20 | SCADA 变压器绕组表 蔡郎变 #2主变-高 有功值 | 47.560 | 正常 | |
| 21 | SCADA 变压器绕组表 下应变 #1主变-高 有功值 | 82.738 | 正常 | |
| 22 | SCADA 变压器绕组表 下应变 #2主变-高 有功值 | 81.398 | 正常 | |
| 23 | SCADA 变压器绕组表 斌祥变 #1主变-高 有功值 | 55.473 | 正常 | |
| 24 | SCADA 变压器绕组表 斌祥变 #2主变-高 有功值 | 55.205 | 正常 | |
| 25 | SCADA 变压器绕组表 惠明变 #1主变-高 有功值 | 51.677 | 正常 | |
| 26 | SCADA 变压器绕组表 惠明变 #2主变-高 有功值 | 50.536 | 正常 | |
| 27 | SCADA 变压器绕组表 鸿塘变 #1主变-高 有功值 | 61.400 | 正常 | |
| 28 | SCADA 变压器绕组表 鸿塘变 #2主变-高 有功值 | 59.837 | 正常 | |
| 29 | SCADA 断路器信息表 鸿塘变 220kV旁路开关 有功值 | 0.000 | 正常 | |
| 30 | SCADA 刀闸表 鸿塘变 #3主变220kV旁路闸刀 遥信值 | 0 | 正常 | |

公式分量显示界面

## 七、母线、主变压器平衡率检查

在主目录（见图）中点击“负荷平衡”，进入负载平衡表界面（见图）。

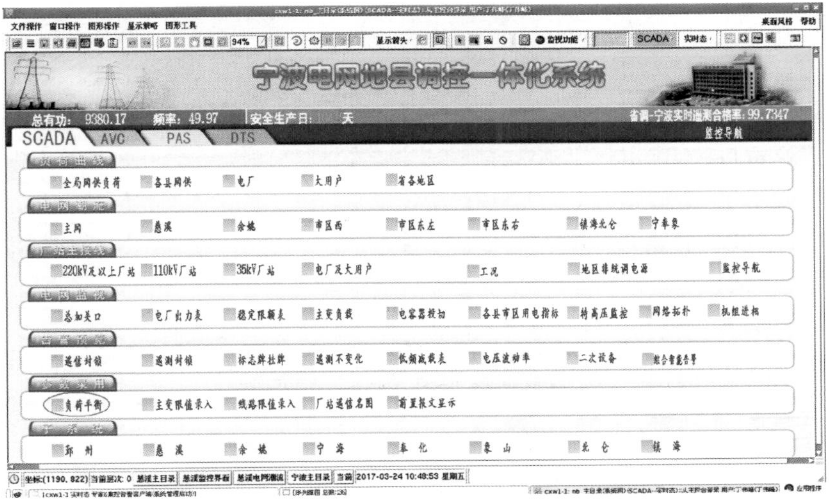

文件操作 窗口操作 图形操作 显示策略 图形工具 桌面风格 帮助

94% 显示箭头 监视功能 SCADA 实时态

宁波电网地县调控一体化系统

总有功：9380.17 频率：49.97 安全生产日：[illegible] 天 省调-宁波实时遥测合格率：99.7347

SCADA AVC PAS DTS 监控导航

负荷曲线：全局网供负荷 各县网供 电厂 大用户 省各地区

电网潮流：主网 慈溪 余姚 市区西 市区东左 市区东右 镇海北仑 宁奉象

厂站主接线：220kV及以上厂站 110kV厂站 35kV厂站 电厂及大用户 工况 地区非统调电源 监控导航

电网监视：总加关口 电厂出力表 稳定限额表 主变负载 电容器投切 各县市区用电指标 特高压监控 网络拓扑 机组进相

告警预览：遥信封锁 遥测封锁 标志牌挂牌 遥测不变化 低频减载表 电压波动率 二次设备 综合智能告警

参数录用：负荷平衡 主变限值录入 线路限值录入 厂站遥信名图 前置报文显示

子系统：鄞州 慈溪 余姚 宁海 奉化 象山 北仑 镇海

坐标(1190, 822) 当前层次：0 慈溪主目录 慈溪监控界面 慈溪电网潮流 宁波主目录 当前 2017-03-24 10:48:53 星期五

主目录

该界面由主变压器平衡表、母线平衡表和线路平衡表三张表格组成，分别显示各主变压器、母线和线路的负载不平衡量和不平衡率，并可以按照不平衡量或不平衡率进行排序，可以非常直观地发现负载不平衡情况。巡视人员发现不平衡率偏差较大时，应通知专职进一步进行检查，查找具体原因。

负载平衡表界面

## 八、高软模块 PAS、AVC 检查

### 1. PAS 巡视项目

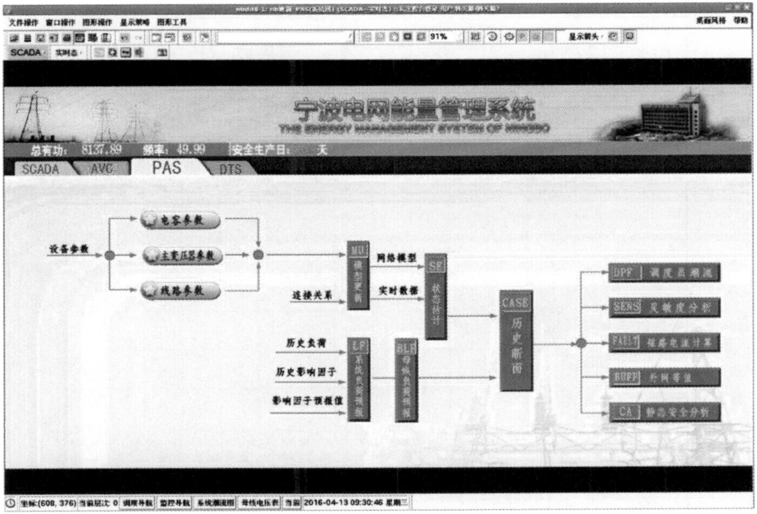

通过运行状态估计程序能够提高数据精度，滤掉不良数据，并补充一些量测值，为电力系统高级应用程序的在线应用提供可靠而完整的数据。结合地调的实际情况，目前应用较多的功能为合解环操作前的模拟操作潮流计算。所以在日常巡视中特别要注意状态估计结果的正确性及实时性。

（1）点击“状态估计”主画面，查看是否周期运行、当日运行次数与收敛次数是否一致、量测覆盖率和合格率。

接下页▶

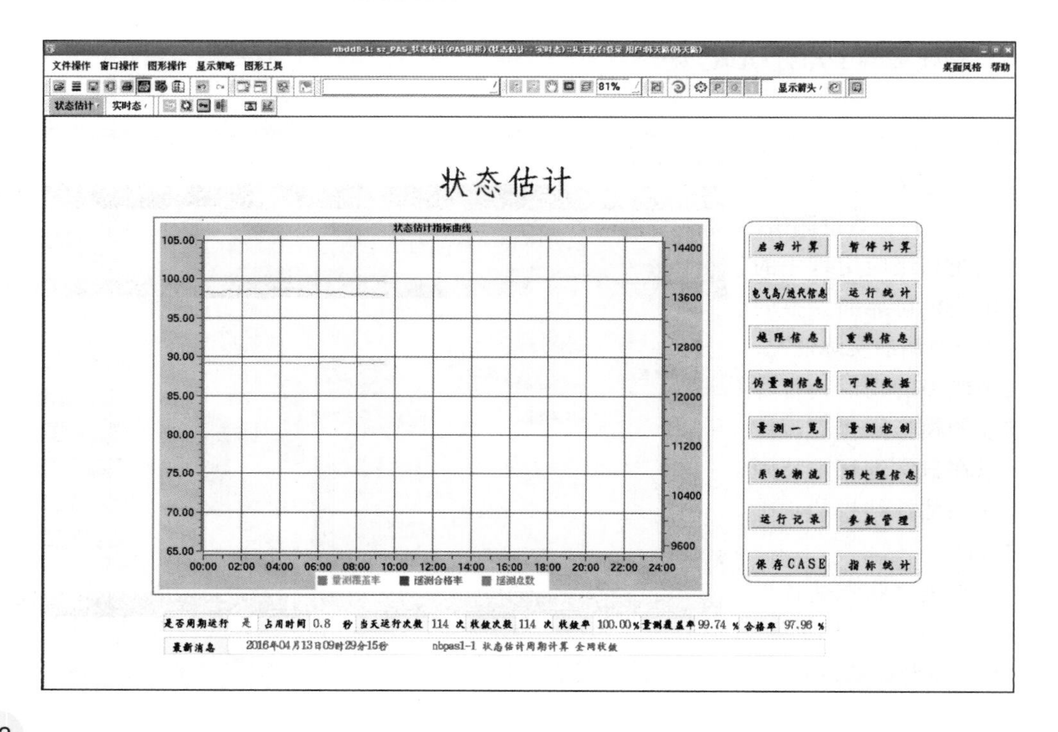
状态估计
状态估计指标曲线
启动计算
暂停计算
电气岛/迭代信息
运行统计
越限信息
重载信息
伪量测信息
可疑数据
量测一览
量测控制
系统潮流
预处理信息
运行记录
参数管理
保存CASE
指标统计
量测覆盖率
遥测合格率
遥测点数
是否周期运行 是 占用时间 0.8 秒 当天运行次数 114 次 收敛次数 114 次 收敛率 100.00 % 量测覆盖率 99.74 % 合格率 97.98 %
最新消息 2016年04月13日09时29分15秒 nbpas1-1 状态估计周期计算 全网收敛

（2）点击电气岛和迭代信息画面，查看电气岛数量和迭代信息：电气岛号——系统中第几个电气岛号；厂站名——此电气岛平衡机所在厂站名；平衡机名——此电气岛平衡机名；母线数——此电气岛参加计算节点数。在正常情况下，一般只有唯一的电气岛，如果出现两个或以上电气岛，应对系统实时运行方式进行核实。

（3）点击运行可疑数据画面，查看大误差点和可疑数据信息，通过对大误差点的排查，可以有效地对实集数据进行甄别，提高数据的准确度，提高对不良数据排查的准确度。

（4）查看服务器及关键进程。

1）rtnet_main，状态估计主程序，常驻进程，可以接收消息立即计算或按周期计算，运行在状态估服务器，可以为其他应用提供最近的收敛断面。

2）rtnet_control，可以给状态估计主程序发送立即计算的消息，或者设置数据库中暂停计算、进入调试状态、周期运行等标志，可以在任意节点运行。

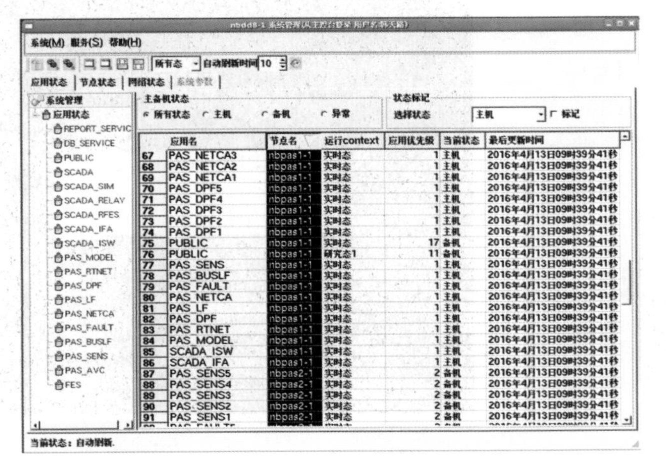

2. AVC 巡视项目

在日常巡视中需要注意 AVC 程序运行的可靠性（告警及异常信息），与省调之间无功功率文件的传输与 SCADA 之间的接口通信。

（1）在启动 AVC 程序后，点击 AVC 人机工作站上 RealQT 监控画面告警信，查看是否有异常告警信息。

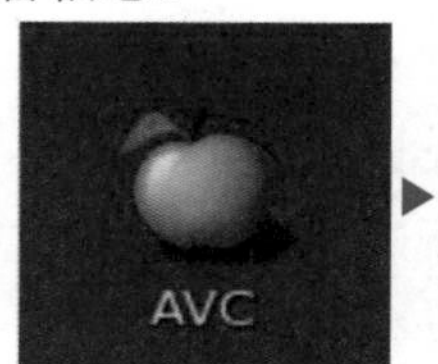


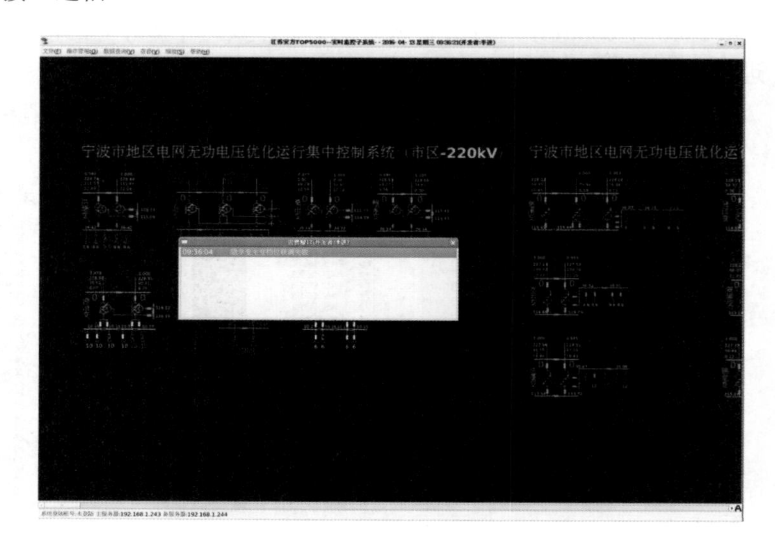

（2）查看厂站联调模式。当人机工作上 AVC 程序刚启动时，需等待一定时间，待其从服务器下载数据。若出现大批量参与省地协调控制时，登入当前 AVC 服务器查看省地协调状态。

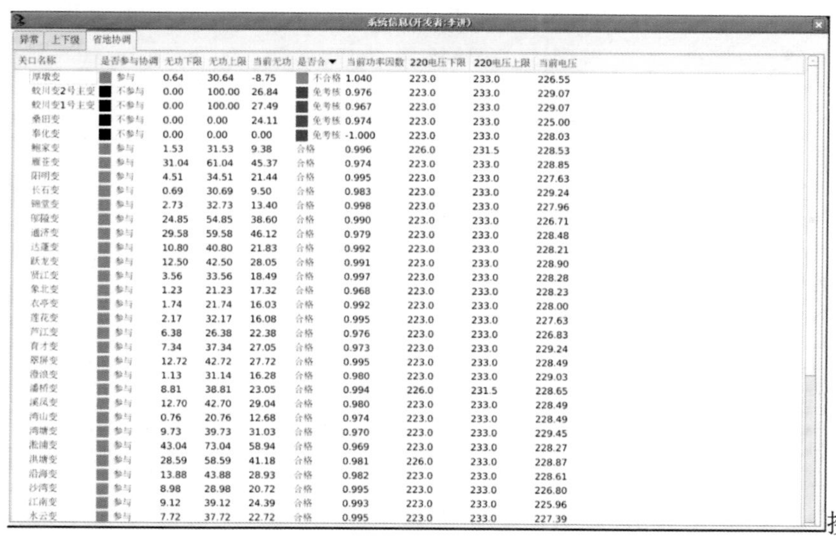

异常　上下级　省地协调

| 关口名称 | 是否参与协调 | 无功下限 | 无功上限 | 当前无功 | 是否合 | 当前功率因数 | 220电压下限 | 220电压上限 | 当前电压 |
|---|---|---|---|---|---|---|---|---|---|
| 厚墩变 | 参与 | 0.64 | 30.64 | -8.75 | 不合格 | 1.040 | 223.0 | 233.0 | 226.55 |
| 蛟川变2号主变 | 不参与 | 0.00 | 100.00 | 26.84 | 免考核 | 0.976 | 223.0 | 233.0 | 229.07 |
| 蛟川变1号主变 | 不参与 | 0.00 | 100.00 | 27.49 | 免考核 | 0.967 | 223.0 | 233.0 | 229.07 |
| 桑田变 | 不参与 | 0.00 | 0.00 | 24.11 | 免考核 | 0.974 | 223.0 | 233.0 | 225.00 |
| 奉化变 | 不参与 | 0.00 | 0.00 | 0.00 | 免考核 | -1.000 | 223.0 | 233.0 | 228.03 |
| 鲍家变 | 参与 | 1.53 | 31.53 | 9.38 | 合格 | 0.996 | 226.0 | 231.5 | 228.53 |
| 雁苍变 | 参与 | 31.04 | 61.04 | 45.37 | 合格 | 0.974 | 223.0 | 233.0 | 228.85 |
| 阳明变 | 参与 | 4.51 | 34.51 | 21.44 | 合格 | 0.995 | 223.0 | 233.0 | 227.63 |
| 长石变 | 参与 | 0.69 | 30.69 | 9.50 | 合格 | 0.983 | 223.0 | 233.0 | 229.24 |
| 锦堂变 | 参与 | 2.73 | 32.73 | 13.40 | 合格 | 0.998 | 223.0 | 233.0 | 227.96 |
| 邬隘变 | 参与 | 24.85 | 54.85 | 38.60 | 合格 | 0.990 | 223.0 | 233.0 | 226.71 |
| 通济变 | 参与 | 29.58 | 59.58 | 46.12 | 合格 | 0.979 | 223.0 | 233.0 | 228.48 |
| 达蓬变 | 参与 | 10.80 | 40.80 | 21.83 | 合格 | 0.992 | 223.0 | 233.0 | 228.21 |
| 跃龙变 | 参与 | 12.50 | 42.50 | 28.05 | 合格 | 0.991 | 223.0 | 233.0 | 228.90 |
| 贤江变 | 参与 | 3.56 | 33.56 | 18.49 | 合格 | 0.997 | 223.0 | 233.0 | 228.28 |
| 象北变 | 参与 | 1.23 | 21.23 | 17.32 | 合格 | 0.968 | 223.0 | 233.0 | 228.23 |
| 衣亭变 | 参与 | 1.74 | 21.74 | 16.03 | 合格 | 0.992 | 223.0 | 233.0 | 228.00 |
| 莲花变 | 参与 | 2.17 | 32.17 | 16.08 | 合格 | 0.995 | 223.0 | 233.0 | 227.63 |
| 芦江变 | 参与 | 6.38 | 26.38 | 22.38 | 合格 | 0.976 | 223.0 | 233.0 | 226.83 |
| 育才变 | 参与 | 7.34 | 37.34 | 27.05 | 合格 | 0.973 | 223.0 | 233.0 | 229.24 |
| 翠屏变 | 参与 | 12.72 | 42.72 | 27.72 | 合格 | 0.995 | 223.0 | 233.0 | 228.49 |
| 澄浪变 | 参与 | 1.13 | 31.14 | 16.28 | 合格 | 0.980 | 223.0 | 233.0 | 229.03 |
| 潘桥变 | 参与 | 8.81 | 38.81 | 23.05 | 合格 | 0.994 | 226.0 | 231.5 | 228.65 |
| 溪凤变 | 参与 | 12.70 | 42.70 | 29.04 | 合格 | 0.980 | 223.0 | 233.0 | 228.49 |
| 湾山变 | 参与 | 0.76 | 20.76 | 12.68 | 合格 | 0.974 | 223.0 | 233.0 | 228.49 |
| 湾塘变 | 参与 | 9.73 | 39.73 | 31.03 | 合格 | 0.970 | 223.0 | 233.0 | 229.45 |
| 澥浦变 | 参与 | 43.04 | 73.04 | 58.94 | 合格 | 0.969 | 223.0 | 233.0 | 228.27 |
| 洪塘变 | 参与 | 28.59 | 58.59 | 41.18 | 合格 | 0.981 | 226.0 | 233.0 | 228.87 |
| 沿海变 | 参与 | 13.88 | 43.88 | 28.93 | 合格 | 0.982 | 223.0 | 233.0 | 228.61 |
| 沙湾变 | 参与 | 8.98 | 28.98 | 20.72 | 合格 | 0.995 | 223.0 | 233.0 | 226.80 |
| 江南变 | 参与 | 9.12 | 39.12 | 24.39 | 合格 | 0.993 | 223.0 | 233.0 | 225.96 |
| 水云变 | 参与 | 7.72 | 37.72 | 22.72 | 合格 | 0.995 | 223.0 | 233.0 | 227.39 |

接下页▶

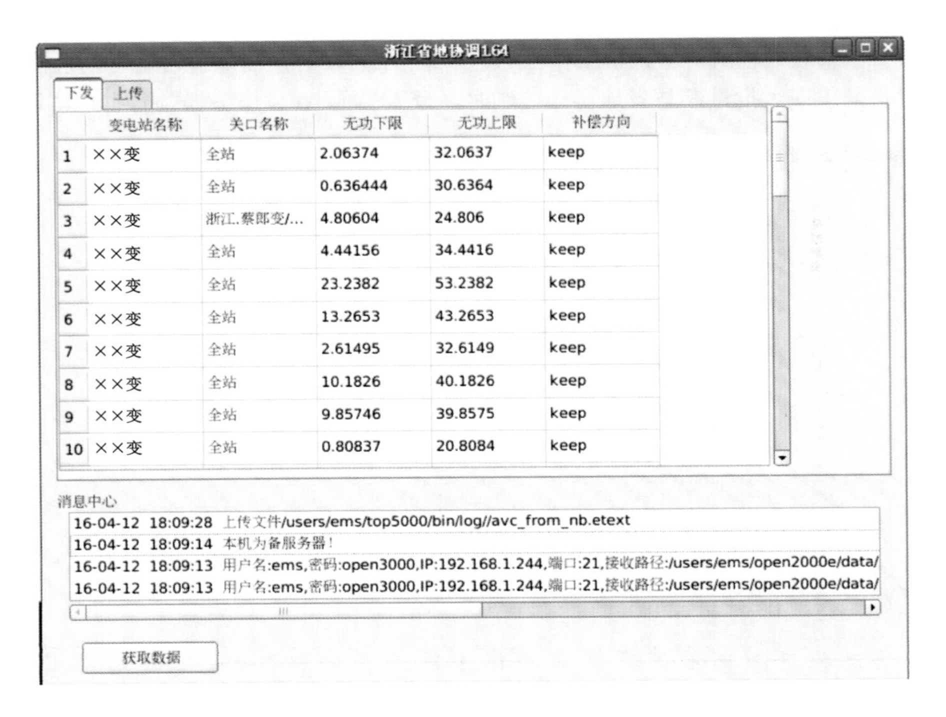


| | 变电站名称 | 关口名称 | 无功下限 | 无功上限 | 补偿方向 |
|---|---|---|---|---|---|
| 1 | ××变 | 全站 | 2.06374 | 32.0637 | keep |
| 2 | ××变 | 全站 | 0.636444 | 30.6364 | keep |
| 3 | ××变 | 浙江.蔡郎变/... | 4.80604 | 24.806 | keep |
| 4 | ××变 | 全站 | 4.44156 | 34.4416 | keep |
| 5 | ××变 | 全站 | 23.2382 | 53.2382 | keep |
| 6 | ××变 | 全站 | 13.2653 | 43.2653 | keep |
| 7 | ××变 | 全站 | 2.61495 | 32.6149 | keep |
| 8 | ××变 | 全站 | 10.1826 | 40.1826 | keep |
| 9 | ××变 | 全站 | 9.85746 | 39.8575 | keep |
| 10 | ××变 | 全站 | 0.80837 | 20.8084 | keep |

（3）查看关键进程与接口程序。

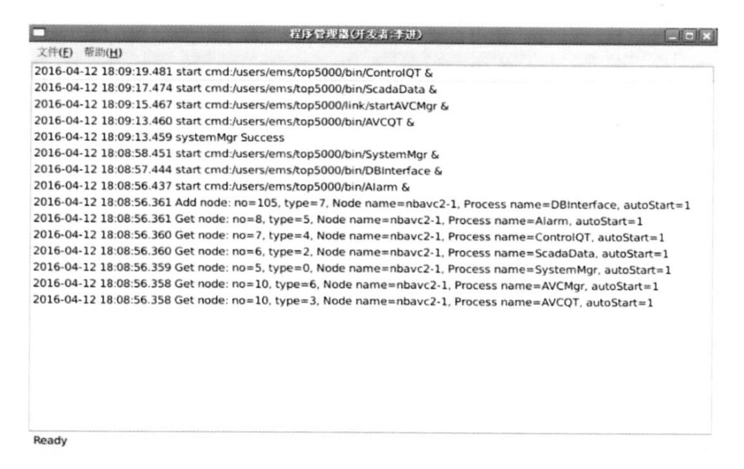


在 AVC 服务器上查看关键进程

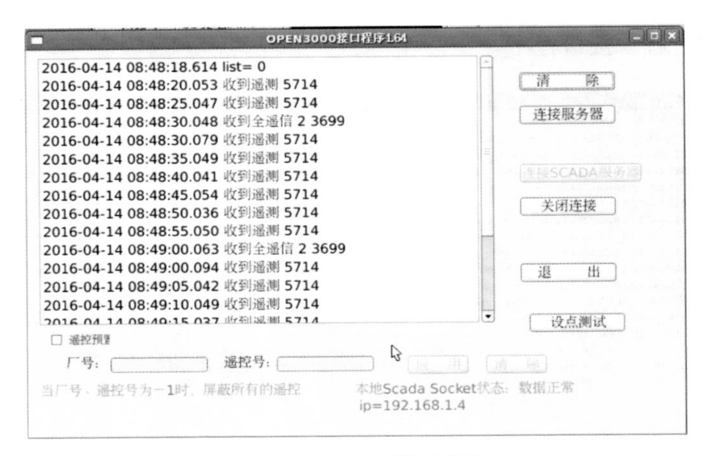


查看 send_avc 接口程序

因采用的为外挂式 AVC 系统，所以系统间数据依靠接口程序与 OPEN3000 系统进行数据交互，周期全遥信时间为 30S，全遥测时间为 5S，变化遥信为实时发送，通过接口程序监视窗可以迅速判断是否正常。

1）SystemMgr（系统管理）：用于组织实时数据、管理控制指令、主备机管理、可以预览实时数据、查看报文和网络节点管理等功能，并把 DBlnterface、Alarm、ProcManager、ScadaData、RealQT、ControlQT 有机结合到一起，形成一个完整的系统。

2）DBInterface（数据库接口）：主要负责数据的写入操作。

3）Alarm（告警系统）：管理系统的告警信息，包括操作信息，系统工作产生的告警等。

4）ProcManager（进程管理）：负责启动和守护系统关键进程。

5）ScadaData（与 SCADA 通信的接口程序）：用于与 SCADA 通信，采集实时数据和发送控制指令。

6）RealQT（画面监控程序）：TOP5000 的图形界面，一般监控中心使用，用于监控系统运行情况和异常情况处理。

7）ControlQT（计算控制中心）：系统的核心所在，主要负责优化计算得出控制指令，通过 SystemMgr 发送给 SCADA 执行。

8）DBDataMgr（运行附表管理工具）：用于管理用户和添加运行附表。

9）RealData（实时数据库查看工具）：用于查看实时库的实时数据。

（4）常见故障及处理方法：

1）RealQT 数据中断。首先检查网络状态，在异常工作站上使用 ping 命令检查与各服务器之间的网络是否正常。如果客户端到主备服务器网络正常，需要检查服务器各进程状况。如果AVC服务器上缺少关键进程，一般情况下可能是因为某个进程coredump了，导致内存锁死，无法重新拉起来，一般需要重启机器才能解决问题。这种情况比较少见；若服务器各进程正常运行，则需要检查SCADA服务器上的接口程序（send_avc）状况，通常先检查状况，通常先一下运行send_avc的SCADA服务器是否正常，然后再将send_avc杀掉，再重启send_avc接口，一般都能解决问题。

2）RealQT告警窗未复归信号里发服务器状态异常。这种情况一般是SystemMgr进程异常退出导致程序coredump，需要重启服务器及进程。

3）大面积遥控命令遥控失败。这种情况下先观察一下数据是否正常刷新，如果数据也不正常刷新，说明是接口的问题，多半是send_avc接口的问题，在SCADA服务器正常的情况下，一般杀掉send_avc进程，重拉一下就能解决问题。

4）报表系统无法访问。一般情况下是报表服务没有启动，启动报表服务后即可解决问题。如果报表服务是启动的，也无法访问，检查数据库是否正常。检查磁盘空间是否满了，还可以在oracle用户下看能不能使用wgty用户登录，输入sqlplus wgty/wgty@wgyh看能不能正常登录。如果磁盘空间未满，数据库能正常登录，重启机器和oralce数据库。

## 九、Web 浏览巡视

登录 Web 服务器，查看数据是否刷新。

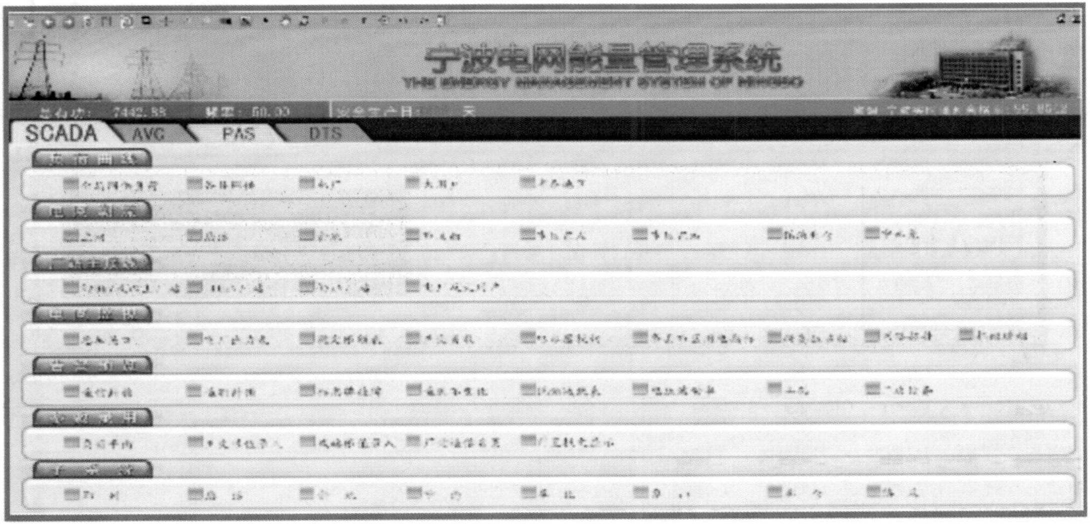

宁波电网能量管理系统

THE ENERGY MANAGEMENT SYSTEM OF NINGBO

总有功: 7442.88　频率: 50.00　安全生产日: 天

SCADA　AVC　PAS　DTS

## 十、时钟、频率巡视

检查时钟、频率数据是否实时刷新。

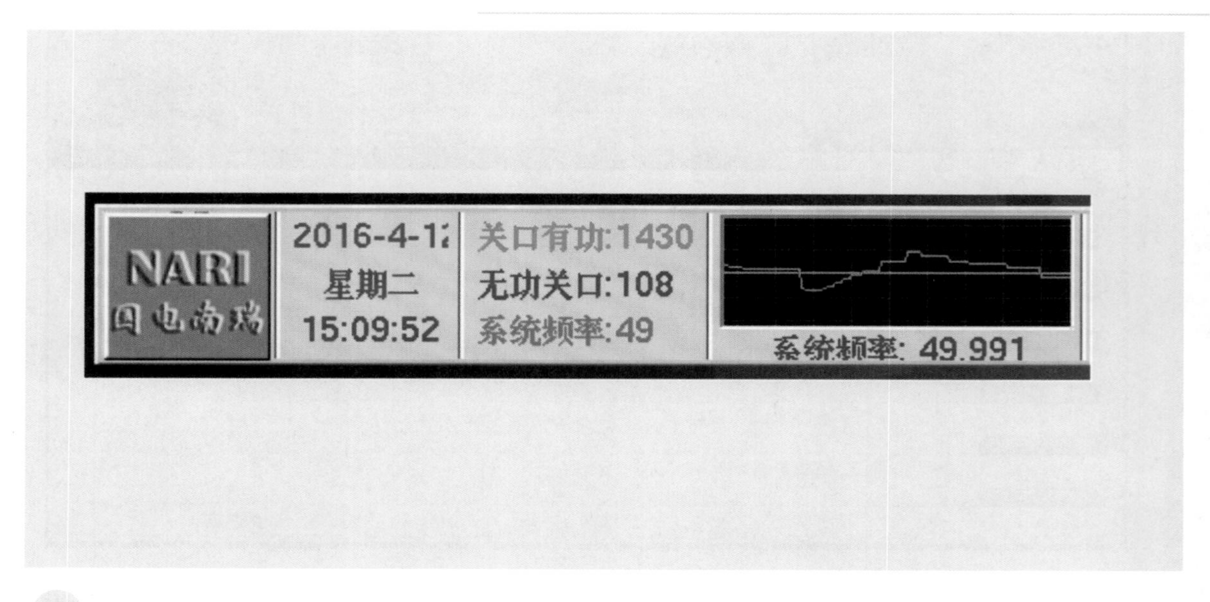

# 第三部分　调度数据网及安防系统巡视

## 一、路由器设备运行状态

路由器是一种可以在不同的网络速度和媒体之间进行转换的，基于网络层协议上保持信息、管理网络间通信的，适于在运行多种网络协议的大型网络中使用的互联设备。

路由器作为组成数据网络的关键节点，保持其稳定、可靠运行是我们运维工作的主要目标。

（1）在日常机房的硬件巡视中，应重点关注路由器设备的以下几个方面：

1）接口类。路由器接口一般包括光接口、以太网接口（Ethernet）、E1 接口、POS 口、CPOS 口等。在保证线缆连接正常的情况下，设备面板上的指示灯会正常闪烁，表示处于物理 up 状态；若未亮起来，则表示物理连接有可能出现故障，可通过更换线缆或接口等方法来排查接口物理连接的问题。

2）链路类。互联接口无法连通，很大部分是连接链路中断引起的。网络设备连接介质通常有双绞线、光纤等，连接接口通常有 RJ-45、SC、LC、FC 等，其中 RJ-45 接口用于电口。在故障排查中，可借用网络测线仪、光损耗测试仪等。

3）电源类。如果电源运行指示灯 PWR 不亮或为红色，则代表电源系统出现问题。处理前可检查设备电源开关及供电电源开关是否打开、设备电源线是否正确连接、设备供电电压是否正常、设备电源模块是否安装到位等。在故障排查中，可采取更换电源、插拔电源线及模块等手段。

4）板卡类。网络设备通用板卡包括路由交换单元、通用接口单元、高可靠控制单元、网络接口模块、告警单元等，通过各个单元的设备指示灯可以简单判别哪个模块单元出现了异常。在故障排查中，可采取插拔或更换板卡等手段。

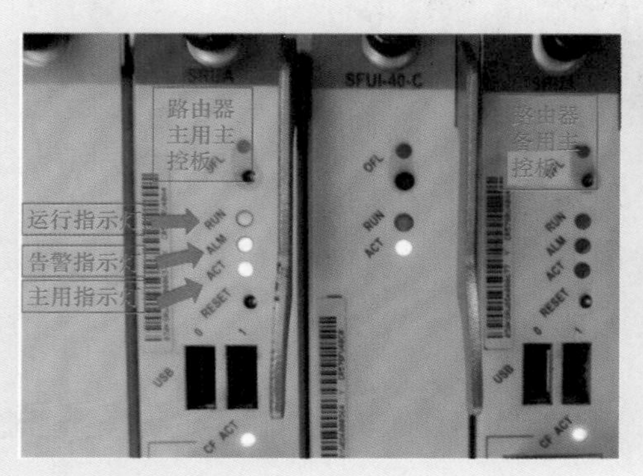


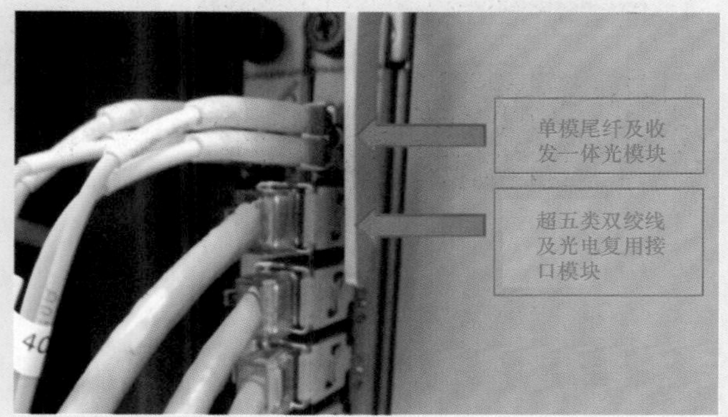

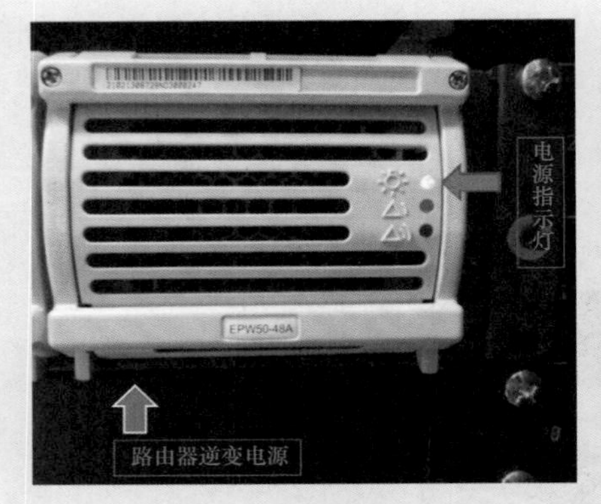


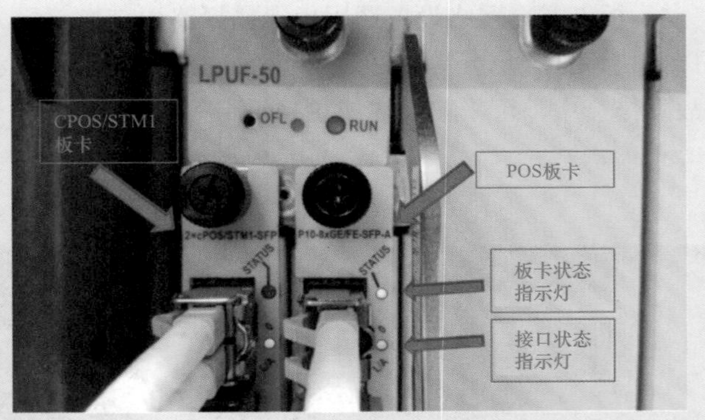


以上大部分故障排查手段都应得到网络管理专职的工作许可与指导，但基本硬件的故障状况需要得到及时的掌握与记录，并在第一时间汇报给专职。

（2）目前数据网络中均具备专用的网管服务器，因此运行巡视人员也可以通过远程管理查看路由器设备状态。

1）使用支持 SSH 的终端仿真程序。我们选用 SecureCRT 软件作为访问远程系统的终端仿真程序，用于远程管理调度数据网的各类网络设备。以下简单介绍设置流程（根据软件版本不同略有差异），便于大家连接网络设备。

第一步：新建会话。打开软件界面，选择左上角选项“文件”，鼠标左键点击“连接”，出现连接界面，左键点击“新建会话”，如图所示。

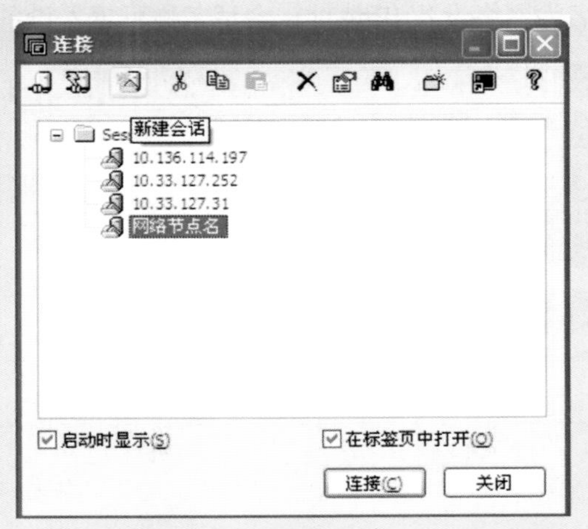

第二步：新建会话向导。依次完成协议、主机名、会话名称的配置，建议选择协议：SSH2，主机名为网络设备 IP 地址，会话名称可填入设备名称，以便于区分。

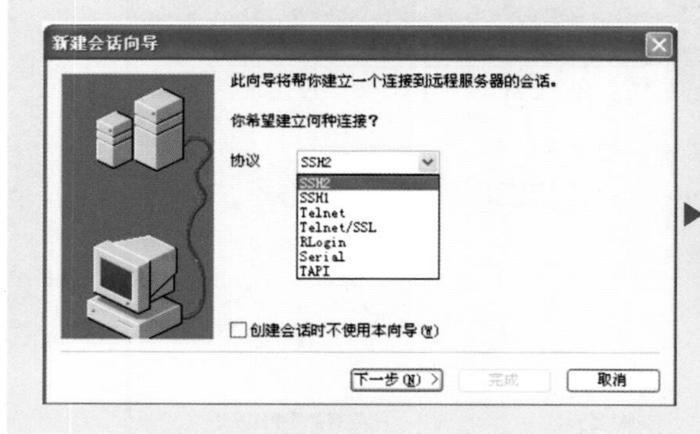


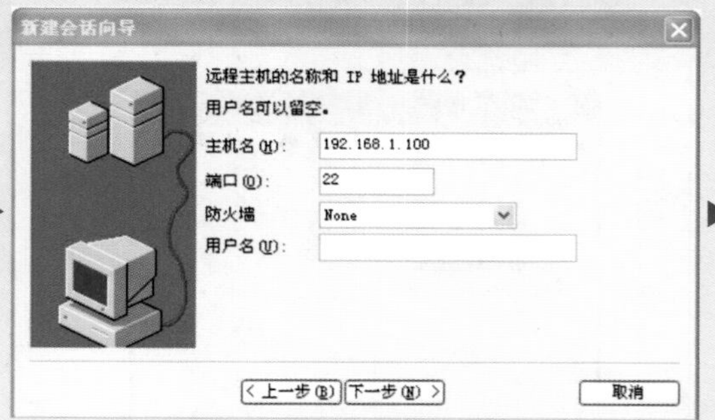

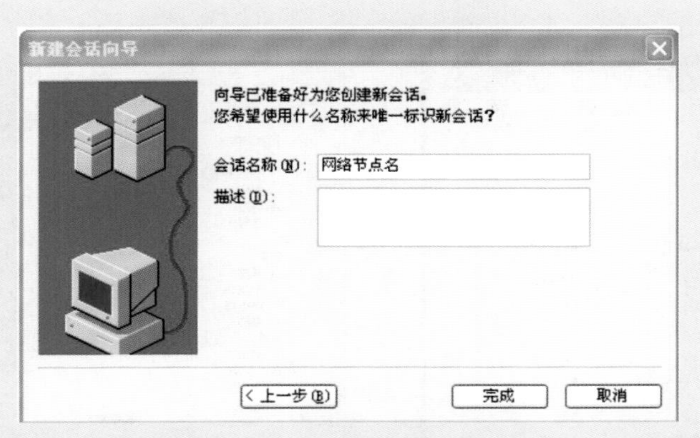


第三步：进一步配置。右键点击新建的会话“网络节点名”，左键点击“属性”，出现会话选项界面。在此选项中可以进一步配置“登录动作”“外观”“日志文件”等高级功能。其中，“登录动作”功能可以帮助你预置用户名、密码等登录信息，“日志文件”功能能够实时地把你的操作会话记录在指定的文档，以备不时之需。

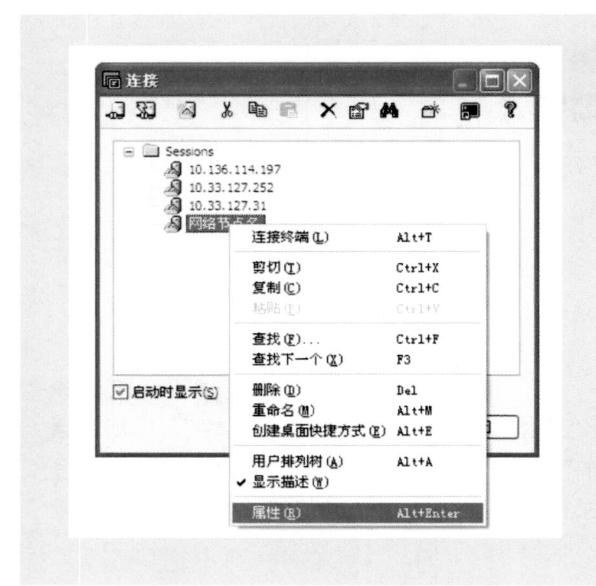
连接
Sessions
10.136.114.197
10.33.127.252
10.33.127.31
网络节点名
连接终端(L) Alt+T
剪切(T) Ctrl+X
复制(C) Ctrl+C
粘贴(P) Ctrl+V
查找(F)... Ctrl+F
查找下一个(X) F3
删除(D) Del
重命名(M) Alt+M
创建桌面快捷方式(E) Alt+E
用户排列树(A) Alt+A
显示描述(W)
属性(R) Alt+Enter
启动时显示(S)

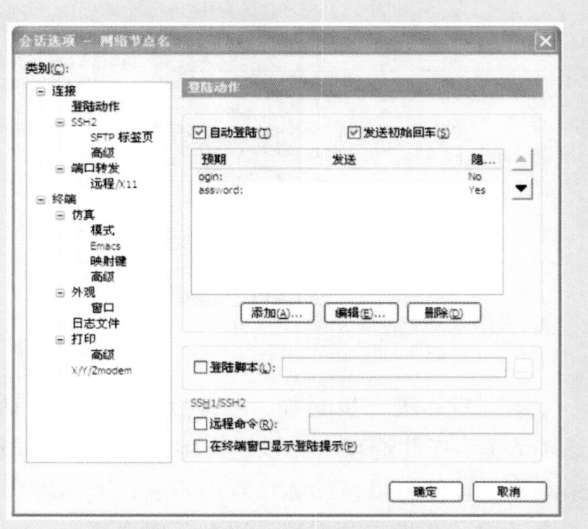
会话选项 - 网络节点名
类别(C):
连接
登陆动作
SSH2
SFTP 标签页
高级
端口转发
远程/X11
终端
仿真
模式
Emacs
映射键
高级
外观
窗口
日志文件
打印
高级
X/Y/Zmodem
登陆动作
自动登陆(T)
发送初始回车(S)
预期
发送
隐...
ogin:
No
assword:
Yes
添加(A)...
编辑(E)...
删除(D)
登陆脚本(L):
SSH1/SSH2
远程命令(R):
在终端窗口显示登陆提示(P)
确定
取消

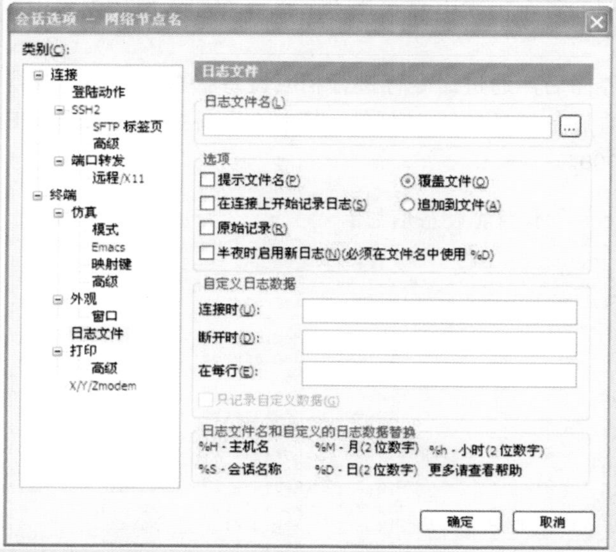

会话选项 – 网络节点名

类别(C):

- 连接
  - 登陆动作
  - SSH2
    - SFTP 标签页
    - 高级
  - 端口转发
    - 远程/X11
- 终端
  - 仿真
    - 模式
    - Emacs
    - 映射键
    - 高级
  - 外观
    - 窗口
  - 日志文件
  - 打印
    - 高级
  - X/Y/Zmodem

日志文件

日志文件名(L)

...

选项

提示文件名(P)　　覆盖文件(O)

在连接上开始记录日志(S)　　追加到文件(A)

原始记录(R)

半夜时启用新日志(N)(必须在文件名中使用 %D)

自定义日志数据

连接时(U):

断开时(D):

在每行(E):

只记录自定义数据(G)

日志文件名和自定义的日志数据替换

%H - 主机名　　%M - 月(2 位数字)　　%h - 小时(2 位数字)

%S - 会话名称　　%D - 日(2 位数字)　　更多请查看帮助

确定　　取消

完成上述仿真软件的配置之后，就可以在运行巡视中使用该软件进行相应的管理与操作了。网管专职应当将数据网的各个汇聚节点、接入节点等均加入连接列表中，做好日常维护，方便运行人员的巡查工作。

进入路由器管理界面后，通过命令行进行相应设备状态的查询，获得实时信息。

下面列举一些查看设备信息的基本指令，其中，设备型号为 HUAWEI NE40E-X8，软件版本 V600R006C00SPC300。

▶ A.display device#显示当前设备信息#

```
<ZJNB-DD.R1>display device
NE40E-X8's Device status:
Slot #    Type      Online    Register      Status      Primary
-----------------------------------------------------------------
1         LPU       Present   Registered    Normal      NA
8         LPU       Present   Registered    Normal      NA
9         MPU       Present   NA            Normal      Master
10        MPU       Present   Registered    Normal      Slave
11        SFU       Present   Registered    Normal      NA
12        SFU       Present   Registered    Normal      NA
13        SFU       Present   Registered    Normal      NA
14        CLK       Present   Registered    Normal      Master
15        CLK       Present   Registered    Normal      Slave
16        PWR       Present   Registered    Normal      NA
17        PWR       Present   Registered    Normal      NA
18        FAN       Present   Registered    Normal      NA
19        FAN       Present   Registered    Normal      NA
```

显示所有板卡模块信息，巡视过程中关注 status（状态）为 normal 即可。

▶ B.display version #显示系统的软件硬件状态信息，包括当前的 IOS 版本信息#

```
<ZJNB-DD.R1>display version
Huawei Versatile Routing Platform Software
VRP (R) software, Version 5.120 (NE40E&80E V600R006C00SPC300)
Copyright (C) 2000-2013 Huawei Technologies Co., Ltd.
HUAWEI NE40E-X8 uptime is 502 days, 4 hours, 12 minutes
NE40E-X8 version information:
```

▶ C.display interfaces[接口类型及编号]#显示接口状态及配置信息#

```
[ZJNB-DD.R1]display interface GigabitEthernet1/3/0
GigabitEthernet1/3/0 current state : UP
Line protocol current state : UP
Last line protocol up time : 2014-11-28 11:27:11 UTC+08:00
Link quality grade : GOOD
Description:TO-ZJNB-BD.R1
```

应当关注相关接口信息，如接口的物理连接信息与协议连接信息，均为 UP 则代表该接口所属的链路正常。

▶ D.display clock #显示系统时钟当前时间设置#

```
<ZJNB-DD.R1> display clock
2016-04-12 14:10:01+08:00
Tuesday
Time Zone(GTM+8) : UTC+08:00
```

应当关注设备系统时钟是否准确。

▶ E.display local-user #显示路由器当前所有的用户信息#

```
<ZJNB-DD.R1>display local-user
------------------------------------------------------------------------------
Username                                   State  Type      CAR Access-limit Online
------------------------------------------------------------------------------
admincw                                    Block  TMS       Dft     No            0
nbdd123                                    Block  FTMS      Dft     No            1
sdview                                     Block  TS        Dft     No            0
------------------------------------------------------------------------------
Total 3,3 printed
```

应当关注当网络工作结束时，工作人员是否仍登录在该运行设备上。

▶ F.display current-configuration #显示当前配置信息#

▶ G.display saved-configuration #显示启动时的配置文件#

运行巡视人员一般不需要使用两条命令，而帮助网络维护人员排查故障时应在其指导下使用。

2）iMC 智能管理中心平台。使用 H3C 厂商提供的智能管理中心平台，可以直观、简便的查看网络的具体信息。

▶ A. 平台主页巡视。打开平台网址，输入用户名及密码即可进入平台主页。主要关注设备接入概况（数量、类型等）、实时告警统计、设备 CPU 使用率、内存使用率、设备不可达率等重要信息，如发现异常和重要告警信息，应及时查询具体信息，做好运行记录，并告知网管人员。

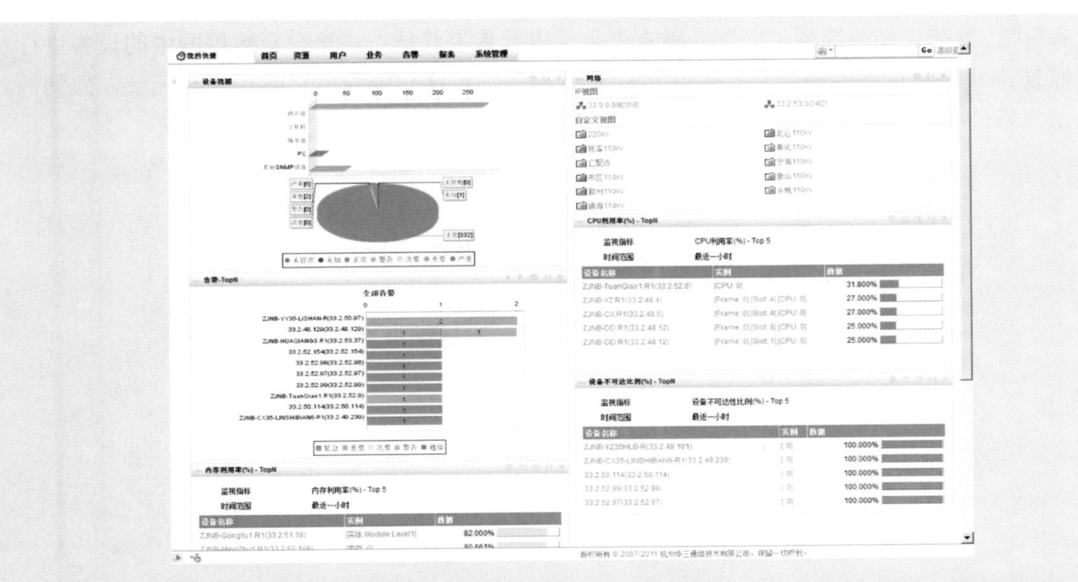

▶ B. 设备告警信息巡视。左键点击平台上方的“告警”选项，即可进入下图页面，值班人员可根据需要的信息选择“告警浏览”中的“实时告警”“根源告警”“全部告警”“存在故障

的设备”“告警统计”等选项，根据多种查询条件进行告警筛选。该平台对数据网中的设备进行实时监视，并捕获设备告警信息。因此运行人员需做好对这些告警信息的查询与记录，做到故障记录报告的实时性与准确性。

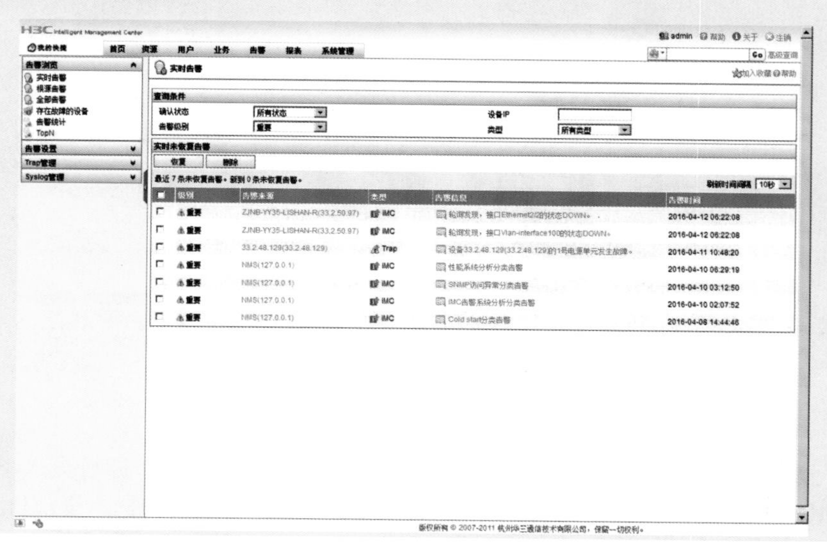

由于管理软件中存在不少网络的专业术语，网管专职应做好对运行值班人员的网络知识和管理平台培训等工作，以免出现误解、不解等状况，降低工作效率。

## 二、变电站网络节点

根据《浙江电力调度数据网规范》（Q/GDW11-156—2012—10405）要求，地调接入网由地调（即通信网第一汇聚点）、地调备调、通信网第二汇聚点、县调和220kV及以下厂站组成。根据地区电网规模确定骨干汇聚节点数量，电网规模较大的地区宜选取7～9个点，电网规模中等的地区宜选取5～6个点，电网规模较小的地区宜选取3～4个点。地调接入网应选择通信条件相对丰富的县局或直属单位作为骨干汇聚节点，以便通道的组织。接入节点采用双归属接入方式，按区域接入骨干汇聚节点。

对变电站的网络接入节点均采用远程管控方式，按照区域划分，便于信息查询与管理。依然提供两种巡视模式。

（1）使用支持SSH的终端仿真程序。

网管专职在SecureCRT软件的“连接”会话中已创建好按照管理区域划分的变电站网络设备节点，运行巡视人员只需选择对应节点进行安全的远程登录，开展相关查询工作即可。

（2）iMC 智能管理中心平台。

在轮巡非常多的变电站网络节点时，iMC 智能管理中心平台提供了一个极具效率的解决方案。

巡视人员只需选择主页右上方“网络”中的“自定义视图”，打开相应拓扑即可。其中自定义视图的某些文件夹填充了红色，代表该视图中的设备存在紧急告警信息，绿色则代表无告警，当然也存在其他颜色，表示相应等级的告警内容。

在巡视中，如选择“220kV”打开，即可打开一张 220kV 变电站网络节点拓扑图（见图），汇聚层设备与众多接入设备进行点对多点连接。其中小圆盘代表路由器设备，下方均标注变电站设备节点名称。圆盘绿色代表设备无任何告警，红色代表存在紧急告警，橘红色代表存在重要告警等，具体可参照平台说明。

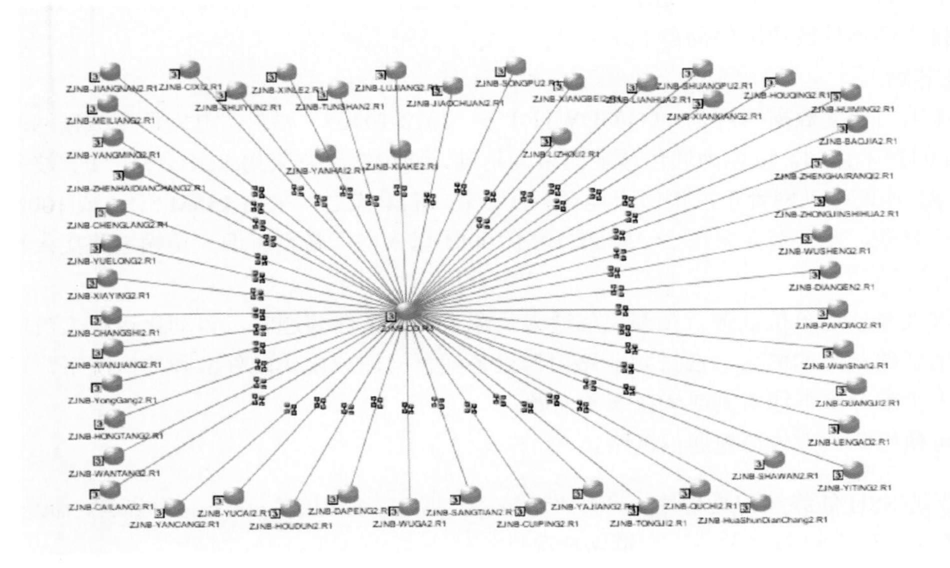

巡视人员在定期的巡视工作中使用平台的自定义视图，可以快速发现变电站网路节点设备的故障及告警。同样地，将轮巡结果记录在案，对涉及紧急和重要告警的设备应第一时间汇报给网管专职，以更快速地解决网络问题。

## 三、通信链路

根据《浙江电力调度数据网规范》（Q/GDW11-156—2012-10405）要求，电力调度数据网基于 IP over SDH 的技术体制，以电力通信传输网络为基础，通信链路宜采用 SDH、MSTP、波分等多种传输技术。地调接入网骨干汇聚节点地调、地调第二汇聚点之间采用 155M SDH 或 100M 以太网传输链路互联，接入节点采用 2×2M 或 10M/100M 以太网（带宽可调）传输链路接入相应骨干汇聚节点。

通信链路涉及与信通单位业务，在要求信通人员配合调查链路问题时，自动化运行人员应当具备判断通信链路故障的能力，在排除非路由器设备配置问题或模块硬件故障的情况下，可积极联系通信人员配合检查通信侧或者线缆的问题。

运行人员可使用两种方式巡视通信链路。

（1）使用支持 SSH 的终端仿真程序。打开“连接”会话，选择相应的骨干汇聚节点。命令：display ip interface brief，可对本节点通信链路情况进行巡查。

```
<ZJNB-DD.R3> display ip interface brief
*down: administratively down
(s): spoofing
Interface                    Physical  Protocol  IP Address      Description
Ethernet0/1/0                *down     down      unassigned      Ethernet0...
Ethernet0/1/1                *down     down      unassigned      Ethernet0...
Ethernet0/1/2                up        up        33.3.48.5       To_ZJNB-J...
.........
GigabitEthernet0/0/0         *down     down      unassigned      GigabitEt...
GigabitEthernet0/0/1         up        up        33.3.48.74      TO-ZJNB-D...
.........
LoopBack0                    up        up(s)     33.2.48.1       LoopBack0...
.........
Mp-group0/2/1                up        up        33.3.62.173     NB-Shuang...
.........
Serial0/2/0/1:0              up        up        unassigned      Mp-group0...
Serial0/2/0/2:0              up        up        unassigned      Mp-group0...
.........
```

其中，Interface 代表接口（包括物理和逻辑接口），Physical 代表链路的物理连接状态，Protocol 代表链路的协议连接状态，IP Address 代表接口上配置的 IP 地址，Description 代表人为定义的接口描述。Ethernet0/1/0、GigabitEthernet0/0/0 等代表实际以太网接口，LoopBack0 代表本地环回接口（虚接口）。

Mp-group 利用 CPOS（E1/T1）通道化出来的串口链路进行逻辑上的绑定，能够增加链路带宽并且进行分片轮转发提高链路利用率和效率，其中被通道化出来的串口链路就是上例的 Serial0/2/0/1:0。

调度数据网使用逻辑 Mp-group 将通道化的串口（Serial）进行 2×2M 的链路捆绑，作为汇聚层与各接入节点的互联链路。一般来讲，一条互联链路只有当 Physical 和 Protocol 同时出现 UP 时，才能判定两端设备可以正常通信。

因此从上面的例子来看，Mp-group0/2/1 的两个状态都是 UP，说明该变电站网络节点与骨干汇聚节点通信正常。在这里可以使用 ping 命令检测通信链路是否正常。

那么如果实际中存在的问题，应如何判断故障呢？

1）假如 Physical 状态为 DOWN（*down 代表人为关闭的端口），则应判定设备接口为物理连接问题，即可能是板卡、模块、接口、线缆、通信设备等故障。

2）假如 Physical 状态为 UP、Protocol 状态为 DOWN，则可以判断物理连接没有问题，可能是两端设备接口的通信协商存在问题，包括通信方式、速率等。

3）对于 Mp-group 这样的逻辑接口来说，只有当所包含的两个 Serial 接口均处于 Physical 和 Protocol 的 UP 状态时，它才会达到 UP 的状态。

```
[ZJNB-DD.R3]ping 33.3.62.174
  PING 33.3.62.174: 56  data bytes, press CTRL_C to break
    Reply from 33.3.62.174: bytes=56 Sequence=1 ttl=255 time=4 ms
    Reply from 33.3.62.174: bytes=56 Sequence=2 ttl=255 time=4 ms
    Reply from 33.3.62.174: bytes=56 Sequence=3 ttl=255 time=5 ms
    Reply from 33.3.62.174: bytes=56 Sequence=4 ttl=255 time=4 ms
    Reply from 33.3.62.174: bytes=56 Sequence=5 ttl=255 time=5 ms

  --- 33.3.62.174 ping statistics ---
    5 packet(s) transmitted
    5 packet(s) received
    0.00% packet loss
    round-trip min/avg/max = 4/4/5 ms
```

对以上问题的出现，自动化人员应当首先检查路由器设备是否存在问题，如各项内容均正常，则应及时告知通信人员，协助检查通信侧的问题，共同合作修复通信链路故障。

对于变电站的设备来说也是一样，通过上述命令可以判断各个接口的链路是否正常。

（2）iMC 智能管理中心平台。利用该平台也可以方便的管理网络通信链路。打开“自定义视图”中的“220kV”拓扑图（见图）。

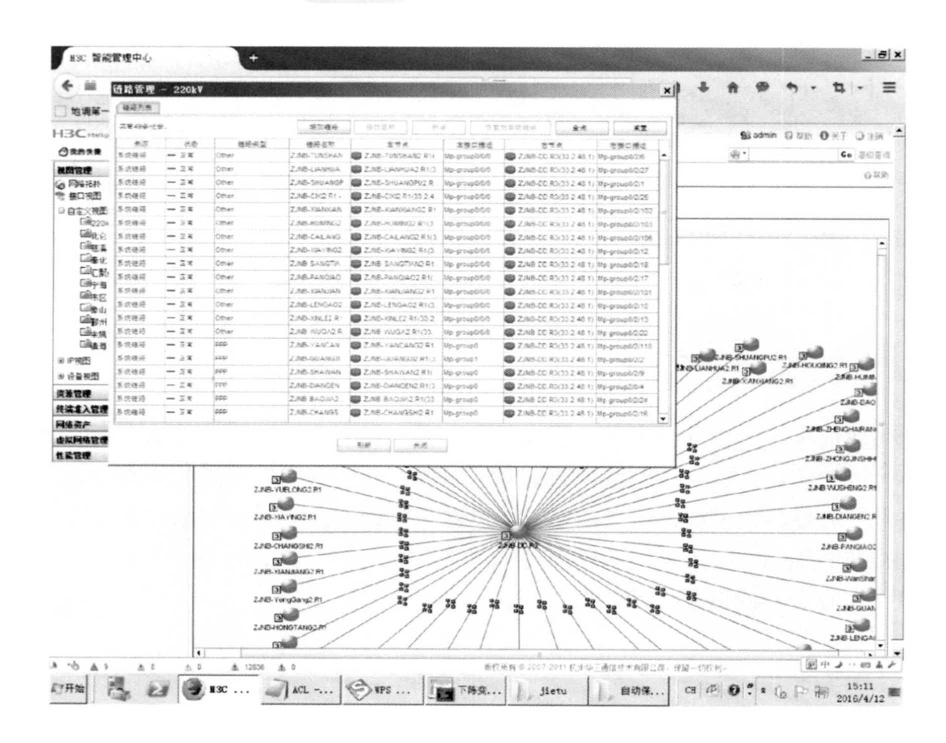

## 四、内网监控系统平台功能监视

1. 平台总体介绍

电力二次系统内网安全监视平台是一套分布式的针对电力监控系统安全情况及运行情况的网络信息安全审计平台，支持对常见网络安全设备（防火墙、入侵检测系统、防病毒系统等）、电力专用安全设备（横向物理隔离设备、纵向加密认证装置等）在运行过程中产生的日志、消息、状态等信息的实时采集，在实时分析的基础上，监测各种软硬件系统的运行状态，发现各种异常事件并发出实时告警，并对存储的历史日志数据进行数据挖掘和关联分析，通过可视化的界面和报表向自动化运行巡视人员和相关管理人员提供准确、详尽的统计分析数据和异常分析报告，协助相关人员及时发现安全漏洞、采取有效措施、提高安全等级。

进入安全监视平台系统后，系统的显示区域分为以下几部分：功能导航条、区域管理树、信息界面（见图）。

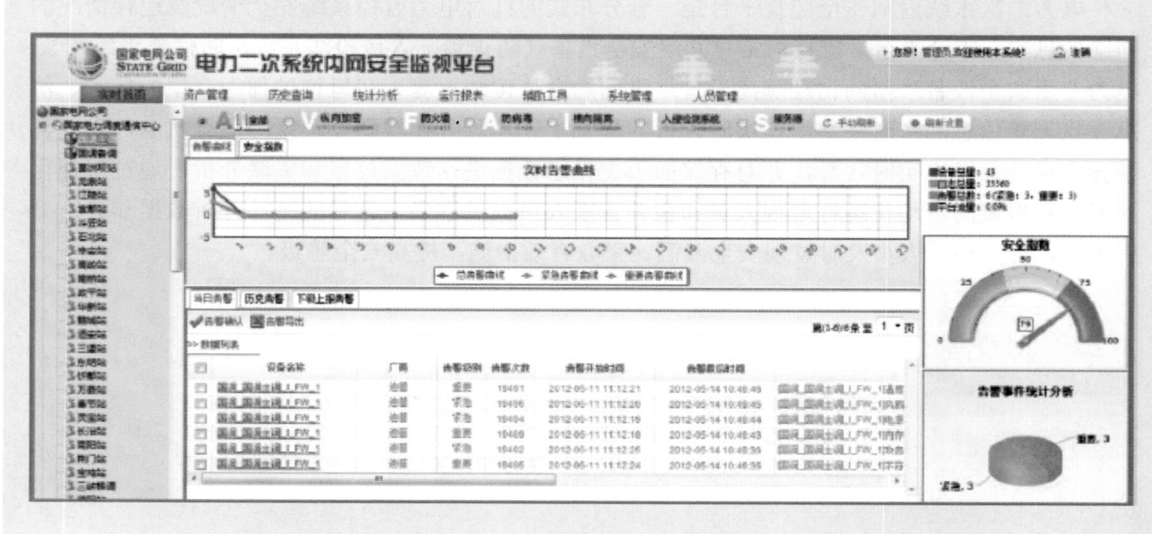

▶ 功能导航条：方便用户对系统常用功能操作提供快捷方式，由八个部分组成，分别是实时首页、资产管理、历史查询、统计分析、运行报表、辅助工具、系统管理、人员管理。

▶ 区域管理树：通过层次的方式将区域展示给用户，通过点击区域，浏览和查询节点信息，方便用户查看各区域以及下属厂站的信息。

▶ 信息界面：系统提供给用户管理信息的主要窗口，给用户提供录入、查询、修改、删除、设置、导出等基本操作，完成信息的交互。

2. 自动化运行巡视相关画面

实时首页由区域树、实时告警曲线、安全指数柱状图、当日及历史告警、信息提示、安全指数仪表盘、告警事件统计分析等子图组成。

自动化运行巡视人员应查看不同区域下设备的告警情况、安全指数等子图。

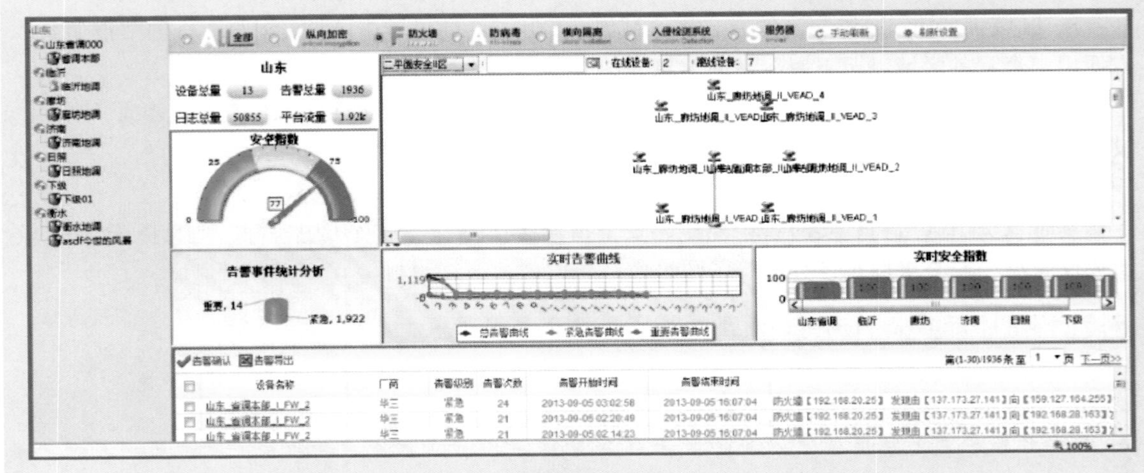


实时首页总视图

▶ **实时告警曲线子图**

告警曲线包含总的告警曲线、紧急告警曲线和重要告警曲线。总告警曲线是紧急和重要二曲线对应数值的和（告警曲线上的数值为区域下所有设备的告警数）。

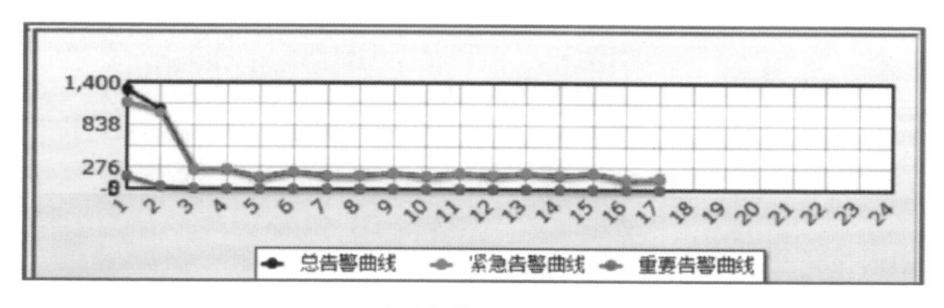


实时告警曲线子图

在告警曲线上点击某一个时间节点对应的告警值时，会弹出告警详情窗口。

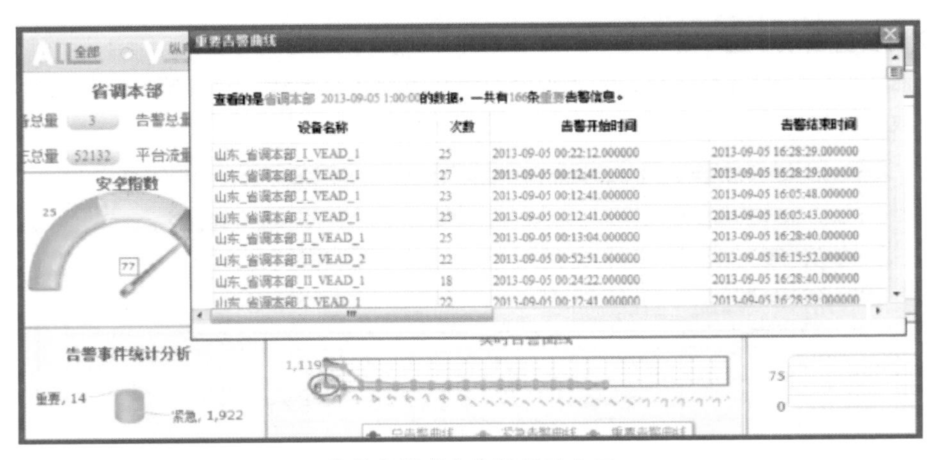

告警曲线弹出告警详情窗口

▶ 安全指数柱状子图

安全指数柱状图是已选区域下的各厂站安全情况。安全指数反映已选区域下的安全情况，数值越大代表越安全。

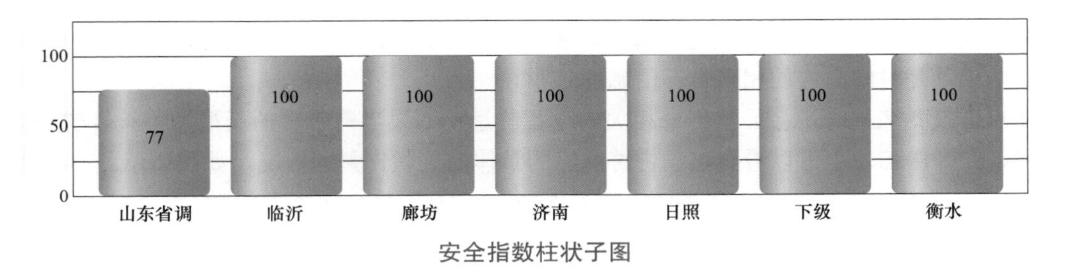


安全指数柱状子图

### ▶ 告警事件子图

告警事件用来显示当日发生的告警。它展示已选区域下，设备类型下的告警内容以及数量。可以通过选择不同的设备类型查看相应告警信息。

当日告警 | 历史告警 | 下级上报告警

告警确认　告警导出　　第1-6/6条 至 1 页

>> 数据列表

| 设备名称 | 厂商 | 告警级别 | 告警次数 | 告警开始时间 | 告警最后时间 | |
|---|---|---|---|---|---|---|
| 国调_国调主调_I_FW_1 | 迪普 | 紧急 | 20258 | 2012-05-11 11:12:25 | 2012-05-14 13:38:34 | 国调_国调主调_I_FW_1 |
| 国调_国调主调_I_FW_1 | 迪普 | 重要 | 20260 | 2012-05-11 11:12:24 | 2012-05-14 13:38:33 | 国调_国调主调_I_FW_1 |
| 国调_国调主调_I_FW_1 | 迪普 | 重要 | 20256 | 2012-05-11 11:12:21 | 2012-05-14 13:38:29 | 国调_国调主调_I_FW_1 |
| 国调_国调主调_I_FW_1 | 迪普 | 紧急 | 20261 | 2012-05-11 11:12:20 | 2012-05-14 13:38:28 | 国调_国调主调_I_FW_1 |
| 国调_国调主调_I_FW_1 | 迪普 | 紧急 | 20259 | 2012-05-11 11:12:19 | 2012-05-14 13:38:27 | 国调_国调主调_I_FW_1 |
| 国调_国调主调_I_FW_1 | 迪普 | 重要 | 20253 | 2012-05-11 11:12:18 | 2012-05-14 13:38:26 | 国调_国调主调_I_FW_1 |

告警事件子图

该子图上的告警信息反映的是已选区域和已选设备类型的告警具体信息，此告警信息是归并后的结果，是时间段内的相同告警信息的总和。

在点击设备名称时，会显示告警相关的设备信息，如果当前告警的类型为不符合安全策略的访问，在弹出信息中可以看到这条告警对应的具体的关联告警的情况，如图所示。

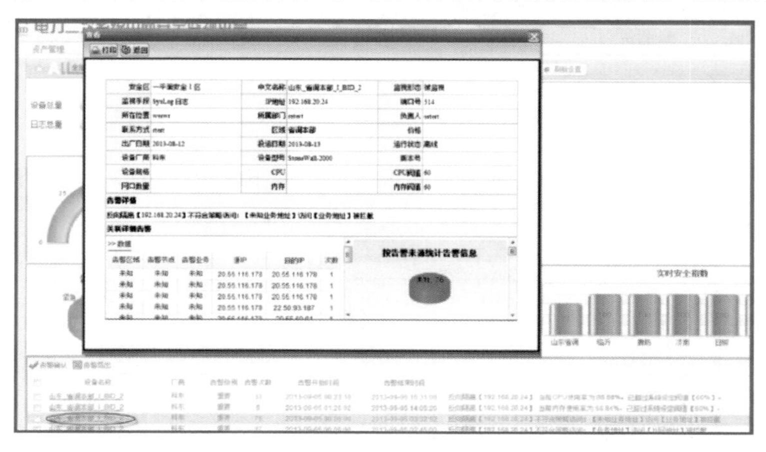


告警相关设备信息

如果为本级节点，可以使用告警确认功能。选择一条告警记录，点击确认后，会弹出告警资产的其他相关信息，如图所示。

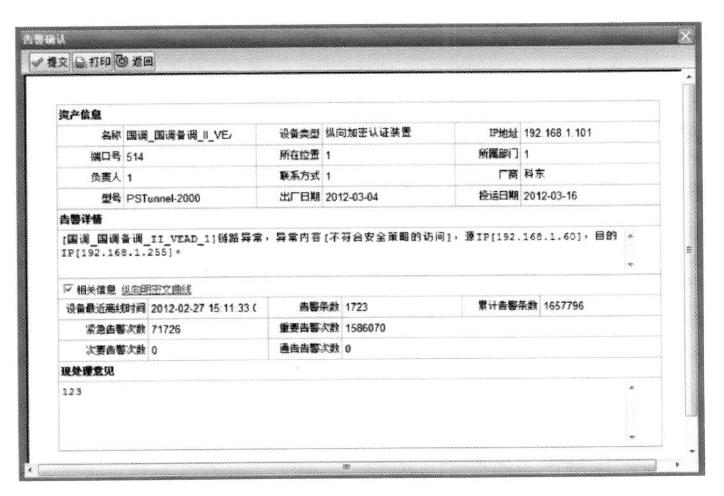


确认告警后相关信息

对于纵向加密设备，点击告警确认页面上的纵向明密文曲线，会弹出纵向明密文曲线，如图所示。

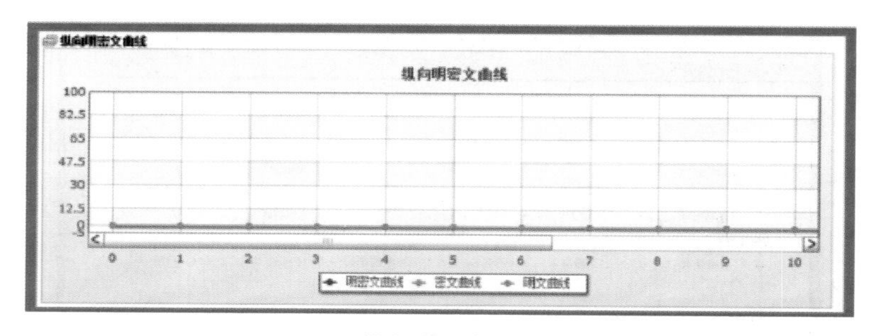


纵向密文曲线

### ▶ 信息提示子图

信息提示展示区域下的设备总量、日志总量、告警总数、平台流量等信息。自动化运行巡视人员可以在此看到直观的信息提示，如图所示。

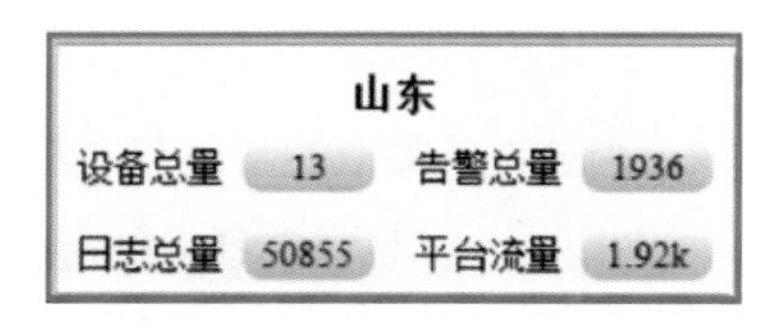


信息提示子图

▶ **安全指数仪表盘子图**

安全指数仪表盘显示当前区域的安全指数情况，数值越大越安全。指针可以变化颜色，当指数小子 40 时为红色，当指数处于 40 和 70 之前时为黄色，当指数大于 70 时为绿色，如图所示。

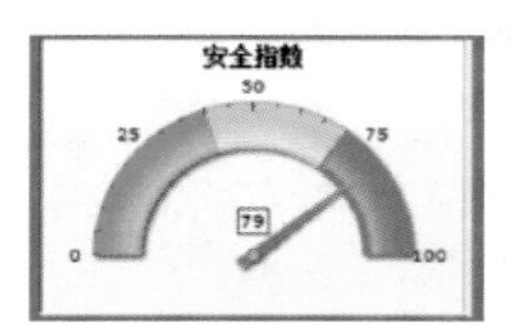


安全指数仪表盘子图

自动化运行巡视人员在巡视过程中如果发现本区域的安全指数仪低于 70 或者相较于正常数值有明显下降，应立即排查定位并解决问题。

### ▶ 告警事件统计分析子图

告警事件统计分析显示当前区域、当前设备类型的紧急和告警事件数，以颜色区分，如图所示。

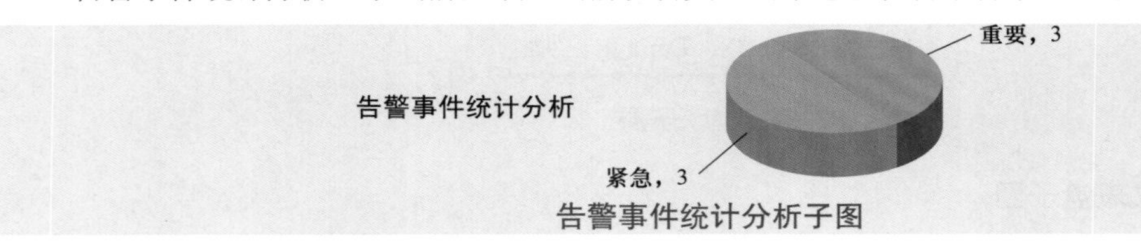


告警事件统计分析子图

点击饼图中紧急或重要的部分，会弹出对应的告警详情，如图所示。

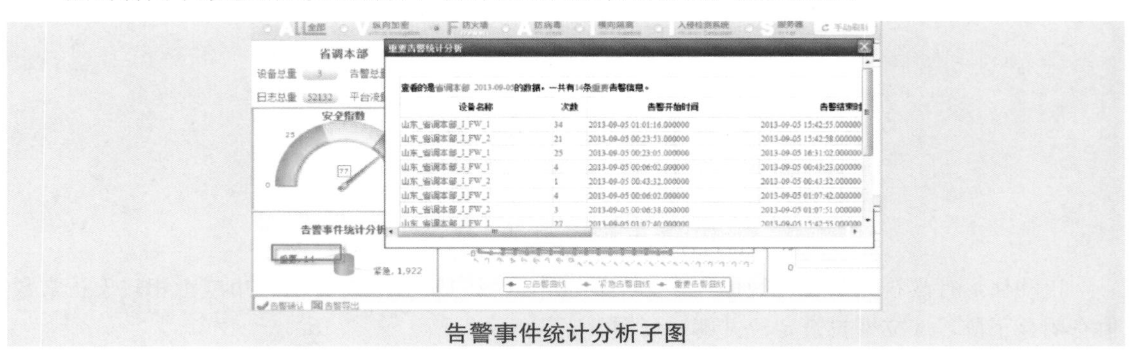


告警事件统计分析子图

## 五、安防设备运行状况

在电力二次系统内网安全监视平台的功能导航条中点击“资产管理”，进入资产管理信息页面。资产管理由区域树、资产类型、资产显示和由各资产录入组成。自动化运行巡视人员可以在该页面对现有资产按设备类型进行查询和管理操作，了解现在运行的安防设备的详细资产信息，如图所示。

查询选项

所属部门：所有　厂商：所有　运行状态：所有

添加防火墙设备　删除防火墙设备　导出

> 数据列表

| | 操作 | 设备名称 | 监视对象类型 | IP地址 | 端口号 | 所在位置 | 所属部门 |
|---|---|---|---|---|---|---|---|
| | | 国调_国调主调_I_FW_1 | 防火墙 | 192.168.20.196 | 514 | 9 | 9 |
| | | 国调_国调主调_I_FW_2 | 防火墙 | 12.023.5.2 | 514 | 2 | 2 |
| | | 国调_国调主调_II_FW_2 | 防火墙 | 192.168.20.194 | 514 | test | test |
| | | 国调_国调主调_II_FW_1 | 防火墙 | 10.19.20.210 | 514 | 国调主调 | 国调自动化 |

资产列表

资产显示中红色代表离线设备，粉色代表未投运设备，黑色代表在线运行设备。

在上述窗口中点击某条资产记录的设备名称，将弹出资产的详细信息，如图所示。

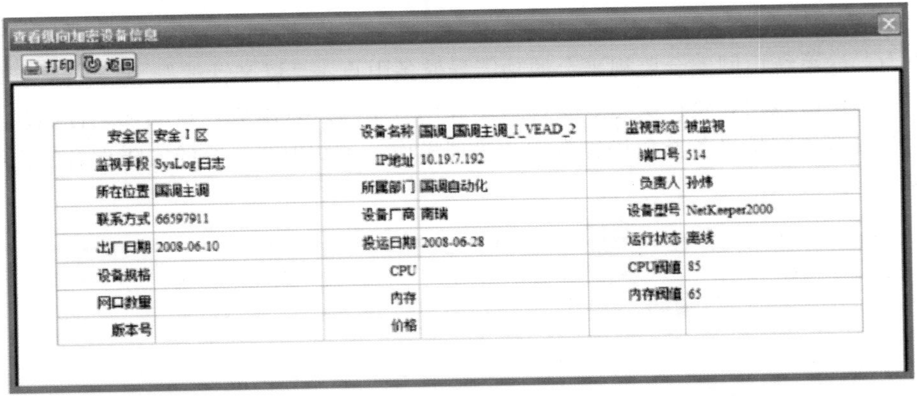

查看纵向加密设备信息

打印 返回

| 安全区 | 安全Ⅰ区 | 设备名称 | 国调_国调主调_1_VEAD_2 | 监视形态 | 被监视 |
|---|---|---|---|---|---|
| 监视手段 | SysLog日志 | IP地址 | 10.19.7.192 | 端口号 | 514 |
| 所在位置 | 国调主调 | 所属部门 | 国调自动化 | 负责人 | 孙炜 |
| 联系方式 | 66597911 | 设备厂商 | 南瑞 | 设备型号 | NetKeeper2000 |
| 出厂日期 | 2008-06-10 | 投运日期 | 2008-06-28 | 运行状态 | 离线 |
| 设备规格 | | CPU | | CPU阀值 | 85 |
| 网口数量 | | 内存 | | 内存阀值 | 65 |
| 版本号 | | 价格 | | | |

资产详细信息

自动化运行巡视人员应关注本页面中安防设备的离在线情况以及 CPU/内存使用率是否正常等。

在电力二次系统内网安全监视平台的功能导航条中依次点击“实时首页”和“纵向管控”，将切换到纵向管控界面（见图）。自动化运行值班人员应查看本节点下各个分区视图下各装置节点的实时运行状态。

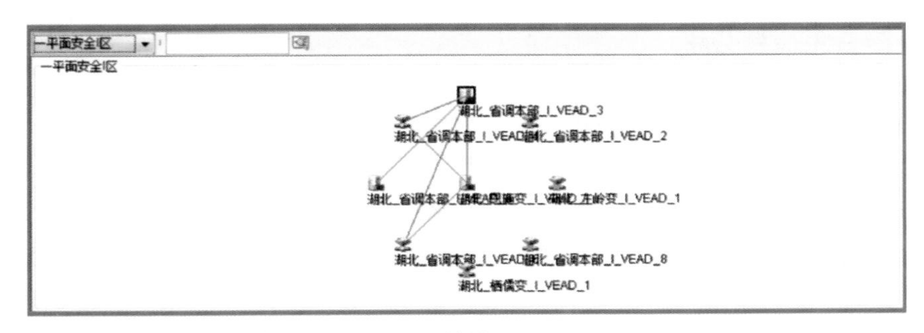


纵向管控界面

图中，装置已连通—隧道已打开情况对应的连线颜色为绿色；装置已连通—隧道未打开情况对应的连线颜色为蓝色；装置未连通—隧道未打开情况对应的连线颜色为红色。正常情况下，所有连接线颜色应该为绿色。

对于主站端的安防设备，应该在每日机房巡视过程中增加对应巡视条目，重点查看设备有无断电、有无告警、所用网口是否正常闪烁等情况，一旦发现异常应按照主站缺陷处理流程处理。对于厂站端安防设备，应通过电力二次系统内网安全监视平台相应界面和功能进行巡视，一旦发现异常应及时按厂站缺陷处理，安排计划和人员现场消缺。

## 六、告警日志信息分析

自动化运行巡视人员应使用电力二次系统内网安全监视平台的历史查询功能，对不同区域下安全设备的告警日志信息进行查看和分析。

历史查询包括：

▶ 平台历史数据：本平台所监视区域范围内安全设备的历史告警数据。

▶ 平台告警确认数据为本平台所监视区域范围内，经管理人员查看确认并处理后的历史告警数据。

历史查询界面

▶ 下级告警历史数据为本平台所监视区域内，下级单位所管理的安全设备出现紧急告警后，上报到本级平台的历史告警数据。

▶ 查询数据为一段时间内，满足各种查询条件的该设备的告警的合计记录。

▶ 告警记录按告警级别的不同，通过不同颜色显示（紧急级别显示红色、重要级别显示粉色、次要级别显示蓝色、通告级别显示绿色）。

▶ 告警记录按结束时间从高到低的顺序排序。

自动化运行巡视人员可按照区域/设备类型/过滤条件的顺序进行事件查询。

（1）在左侧“导航树”选择需要查询的区域。

（2）选择要查看的设备类型。内同监视平台监视的对象是二次系统安全设备，包括正、反向隔离装置，纵向加密认证装置，防火墙，防病毒，入侵检测系统等设备。

（3）使用多个条件过滤，使事件定位更为准确。可以使用设备名称、告警级别、日志类型、开始和结束时间等分别组合筛选。查询条件选择的下拉菜单中的内容会随着设备类型的变化而动态改变。

**▶ 设备名称选项**

按照电力二次系统安全防护设备命名标准进行命名。“设备名称”下拉列表提示当前区域范围内设备。如图所示。

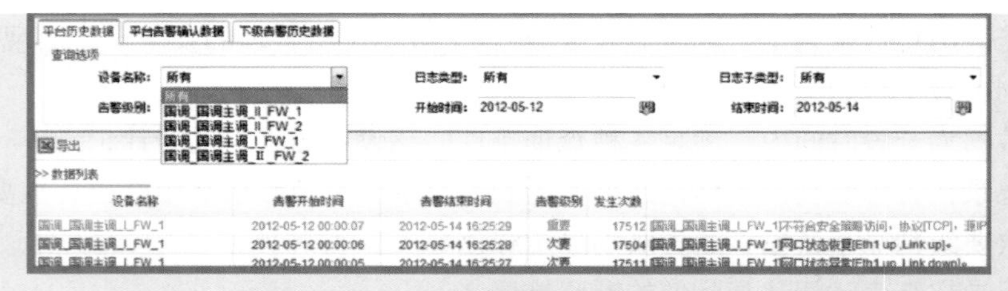


设备名称选项

## ▶ 告警级别选项

该下拉列表包括，紧急、重要、次要、通告四种类型。完全按照《电力二次系统安全监视平台功能规范》所设定的级别设置。如图所示。

告警级别选项

### ▶ 日志类型选项

日志类型按设备类型功能规范的内容，从下拉框中选择。纵向加密装置的日志类型包括管理日志、系统日志、安全日志，如图所示。

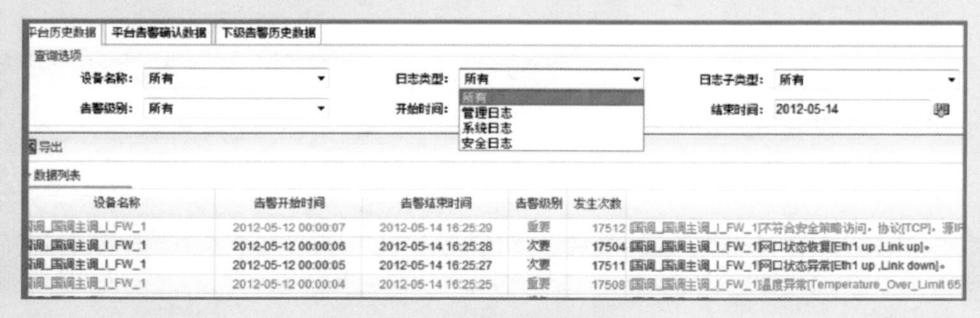


日志类型选项

# 第四部分　电能量采集计量系统巡视

## 一、系统平台运行状态巡视

### 1. 系统二区前置运行状态

在二区维护工作站上，打开“前置页面”，观察系统前置机运行状态。所有前置机均应显示在线，其中一台为主机，其余为从机的状态为正常，并注意各台前负荷正常。

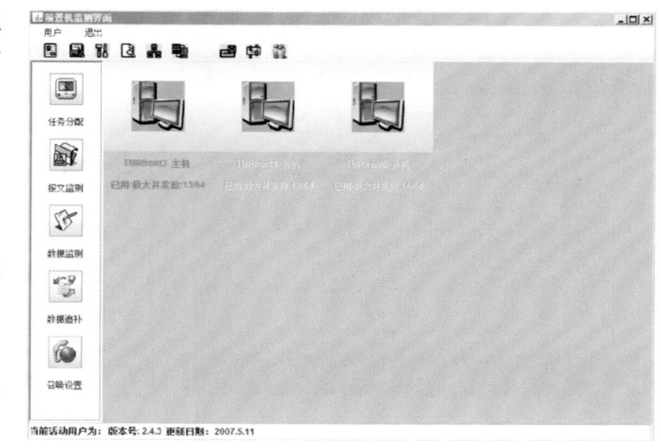


如果发现有离线情况，不管是一台离线还是多台离线，都要将三台前置采集全部关闭后，依次打开各台前置采集。

操作步骤为：

（1）依次打开前置机桌面上的“关闭前置采集”进程；

（2）依次打开前置机桌面上的“前置采集”进程；

（3）打开其中一台“前置页面”，观察系统前置机运行状态。

2. 二区维护页面状态

在二区维护工作站上，打开系统网页，登录维护账号，分别点开“系统查询”“系统生成”“系统管理”“日常维护”等模块，观察页面是否正常。

3. 三区 Web 查询页面状态

在办公电脑上，打开电量系统三区 Web 发布地址，登录查询账号，再点击“系统查询”进入查询页面。以上操作均成功则表明系统 Web 查询正常。

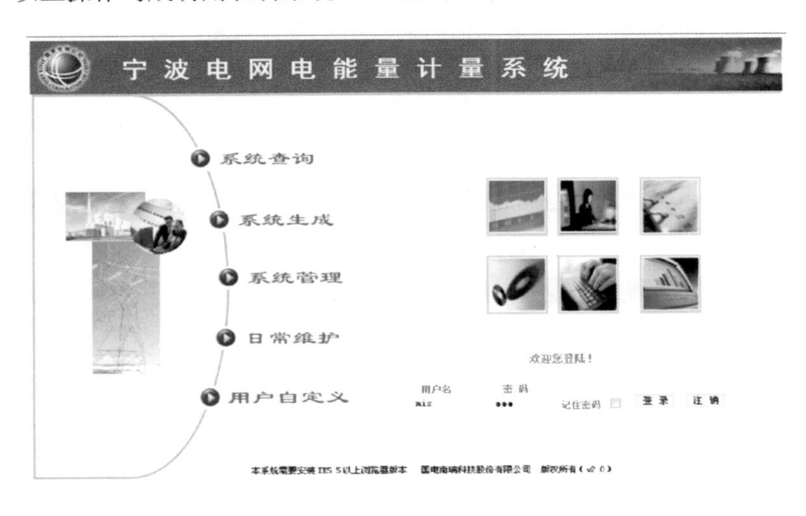

## 二、厂站通道与数据采集状态巡视

### 1. 厂站通道工况

在系统查询页面，点击“数据分析”→“系统通道工况”。即可查看各片区或单个厂站的通道工况。如果优先级高的通道的“最后通信时间”不是今日最新时间，说明该通道不通。如果两个通道的“最后通信时间”均不是今日最新时间，说明两路通道均不通。

首页 ▸ 数据分析 ▸ 系统通道工况　　数据分析　报表查询　电量平衡　基础数据

系统运行分析
系统通道工况

2016年04月18日 星期一
当前用户:
地区供电公司　　MIS

采集状态　　区

| 厂站 | 终端 | 通道名称 | 通道类型 |
| --- | --- | --- | --- |

采集状态　　110市区

| 厂站 | 终端 | 通道名称 | 通道类型 | 最后通信时间 |
| --- | --- | --- | --- | --- |
| 宝桥变 | 宝桥变终端 | 110KV江东宝桥变网络通道 | 网络 | 2017-03-28 08:27 |
| | | 110KV江东宝桥变B | 拨号组A | 2017-03-02 22:24 |
| 常洪变 | 常洪变终端 | 110KV常洪变网络通道 | 网络 | 2017-03-28 08:24 |
| | 常洪变终端 | 110KV常洪变B | 拨号组A | 2017-03-02 22:16 |
| 车轿变 | 车轿变终端 | 110KV车轿变网络通道 | 网络 | 2017-03-28 10:26 |
| | | 110KV车轿变B | 拨号组A | 2017-03-28 06:16 |
| 慈城变 | 慈城变终端 | 110KV慈城变网络通道 | 网络 | 2017-03-28 08:30 |
| | | 110KV慈城变B | 拨号组A | 2016-11-25 01:14 |

2. 厂站电量数据采集状态

在系统查询页面，点击“基础数据”→“表计数据查询”。选择厂站，查看该厂站的数据采集情况。“基本数据”显示的是0点初末冻结值情况，“费率数据”显示的是峰谷平数据情况。

| 设备名称 | 设备类型 | 电压等级 | 倍率 | 初冻结 | 末冻结 | 冻结差电量 | 峰电量 | 谷电量 | 平电量 | 总加电量 |
|---|---|---|---|---|---|---|---|---|---|---|
| 湾孔常1211线表 | 交流线段 | 110kV | 176.0000 | 379.0700 | 380.4100 | <空值> | 160.1600 | 75.6800 | 0.0000 | 235.8400 |
| #1主变高压侧表 | 变压器绕组 | 110kV | 176.0000 | 0.0000 | 0.0000 | <空值> | 0.0000 | 0.0000 | 0.0000 | 0.0000 |
| 湾浦洪1212线表 | 交流线段 | 110kV | 176.0000 | 201.7100 | 202.5500 | <空值> | 102.0800 | 44.0000 | 0.0000 | 147.8400 |
| #2主变高压侧表 | 变压器绕组 | 110kV | 176.0000 | 0.0000 | 0.0000 | <空值> | 0.0000 | 0.0000 | 0.0000 | 0.0000 |
| 待用N804线表 | 交流线段 | 10kV | 12.0000 | 0.0000 | 0.0000 | <空值> | 0.0000 | 0.0000 | 0.0000 | 0.0000 |
| 双桥N805线表 | 交流线段 | 10kV | 12.0000 | 6392.9100 | 6397.3300 | <空值> | 12.3600 | 20.0400 | 20.6400 | 53.0400 |



| 设备名称 | 倍率 | 峰 | | | | 平 | | | | 谷 | | | | 尖 | | |
|---|---|---|---|---|---|---|---|---|---|---|---|---|---|---|---|---|
| | | 计算增量 | 初底码 | 末底码 | 采集增量 | 采集增量 | 计算增量 | 初底码 | 末底码 | 计算增量 | 初底码 | 末底码 | 采集增量 | 计算增量 | 初底码 | 末底码 |
| 徐江N801线表 | 12.0000 | 8.6400 | 1071.4700 | 1072.1900 | 8.6400 | 14.8800 | 14.8800 | 2028.5300 | 2029.7700 | 7.5600 | 1167.3700 | 1168.0000 | 7.5600 | 0.0000 | 0.0000 | 0.0000 |
| 双桥N805线表 | 12.0000 | 12.3600 | 1391.1900 | 1392.2200 | 12.3600 | 20.6400 | 20.6400 | 2439.3400 | 2441.0600 | 20.0400 | 2562.3800 | 2564.0500 | 20.0400 | 0.0000 | 0.0000 | 0.0000 |
| 宝成N813线表 | 12.0000 | 10.4400 | 1259.5300 | 1260.4000 | 10.4400 | 19.5600 | 19.5600 | 2434.5300 | 2436.1600 | 18.7200 | 2268.5600 | 2270.1200 | 18.7200 | 0.0000 | 0.0000 | 0.0000 |
| #2主变高压侧表 | 176.0000 | 0.0000 | 0.0000 | 0.0000 | 0.0000 | 0.0000 | 0.0000 | 0.0000 | 0.0000 | 0.0000 | 0.0000 | 0.0000 | 0.0000 | 0.0000 | 0.0000 | 0.0000 |
| 水产N808线表 | 8.0000 | 9.6000 | 1263.1200 | 1264.3200 | 9.6000 | 0.0000 | 0.0000 | 0.0000 | 0.0000 | 8.9600 | 1188.0500 | 1189.1700 | 8.9600 | 1.8400 | 257.2300 | 257.4600 |
| 建业N810线表 | 12.0000 | 6.2400 | 1015.6800 | 1016.2000 | 6.2400 | 9.8400 | 9.8400 | 1805.1500 | 1805.3700 | 6.8400 | 1238.4100 | 1238.9800 | 6.8400 | 0.0000 | 0.0000 | 0.0000 |
| 兴甬N811线表 | 12.0000 | 8.4000 | 1749.3300 | 1750.0300 | 8.4000 | 14.2800 | 14.2800 | 3128.7500 | 3129.3400 | 8.4000 | 2044.4300 | 2045.1300 | 8.4000 | 0.0000 | 0.0000 | 0.0000 |

## 三、报表统计功能巡视

### 1. 厂站平衡报表查询

在系统查询页面，点击“报表查询”→“报表模板查询”，选择“厂站平衡模板报表”，选择厂站和查询日期，点击提交。观察报表格式与数据是否正常。

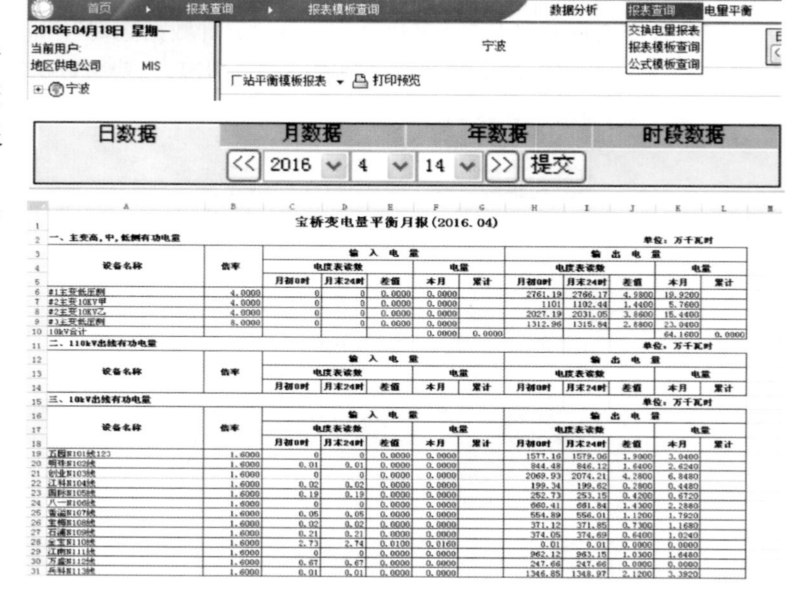


宝桥变电量平衡月报(2016.04)

一、主变高,中,低侧有功电量　　单位：万千瓦时

| 设备名称 | 倍率 | 输入电量 电度表读数 月初0时 | 输入电量 电度表读数 月末24时 | 输入电量 电度表读数 差值 | 输入电量 电量 本月 | 输入电量 电量 累计 | 输出电量 电度表读数 月初0时 | 输出电量 电度表读数 月末24时 | 输出电量 电度表读数 差值 | 输出电量 电量 本月 | 输出电量 电量 累计 |
|---|---|---|---|---|---|---|---|---|---|---|---|
| #1主变低压侧 | 4.0000 | 0 | 0 | 0.0000 | 0.0000 | | 2761.19 | 2766.17 | 4.9800 | 19.9200 | |
| #2主变10KV甲 | 4.0000 | 0 | 0 | 0.0000 | 0.0000 | | 1101 | 1102.44 | 1.4400 | 5.7600 | |
| #2主变10KV乙 | 4.0000 | 0 | 0 | 0.0000 | 0.0000 | | 2027.19 | 2031.05 | 3.8600 | 15.4400 | |
| #3主变低压侧 | 8.0000 | 0 | 0 | 0.0000 | 0.0000 | | 1312.96 | 1315.84 | 2.8800 | 23.0400 | |
| 10kV合计 | | | | | 0.0000 | 0.0000 | | | | 64.1600 | 0.0000 |

二、110kV出线有功电量　　单位：万千瓦时

| 设备名称 | 倍率 | 输入电量 电度表读数 月初0时 | 输入电量 电度表读数 月末24时 | 输入电量 电度表读数 差值 | 输入电量 电量 本月 | 输入电量 电量 累计 | 输出电量 电度表读数 月初0时 | 输出电量 电度表读数 月末24时 | 输出电量 电度表读数 差值 | 输出电量 电量 本月 | 输出电量 电量 累计 |
|---|---|---|---|---|---|---|---|---|---|---|---|

三、10kV出线有功电量　　单位：万千瓦时

| 设备名称 | 倍率 | 输入电量 电度表读数 月初0时 | 输入电量 电度表读数 月末24时 | 输入电量 电度表读数 差值 | 输入电量 电量 本月 | 输入电量 电量 累计 | 输出电量 电度表读数 月初0时 | 输出电量 电度表读数 月末24时 | 输出电量 电度表读数 差值 | 输出电量 电量 本月 | 输出电量 电量 累计 |
|---|---|---|---|---|---|---|---|---|---|---|---|
| 五园N101线123 | 1.6000 | 0 | 0 | 0.0000 | 0.0000 | | 1577.16 | 1579.06 | 1.9000 | 3.0400 | |
| 明珠N102线 | 1.6000 | 0.01 | 0.01 | 0.0000 | 0.0000 | | 844.48 | 846.12 | 1.6400 | 2.6240 | |
| 创业N103线 | 1.6000 | 0 | 0 | 0.0000 | 0.0000 | | 2069.93 | 2074.21 | 4.2800 | 6.8480 | |
| 江科N104线 | 1.6000 | 0.02 | 0.02 | 0.0000 | 0.0000 | | 199.34 | 199.62 | 0.2800 | 0.4480 | |
| 国际N105线 | 1.6000 | 0.19 | 0.19 | 0.0000 | 0.0000 | | 252.73 | 253.15 | 0.4200 | 0.6720 | |
| 八一N106线 | 1.6000 | 0 | 0 | 0.0000 | 0.0000 | | 660.41 | 661.84 | 1.4300 | 2.2880 | |
| 雪淄N107线 | 1.6000 | 0.05 | 0.05 | 0.0000 | 0.0000 | | 554.89 | 556.01 | 1.1200 | 1.7920 | |
| 宝梅N108线 | 1.6000 | 0.02 | 0.02 | 0.0000 | 0.0000 | | 371.12 | 371.85 | 0.7300 | 1.1680 | |
| 石浦N109线 | 1.6000 | 0.21 | 0.21 | 0.0000 | 0.0000 | | 374.05 | 374.69 | 0.6400 | 1.0240 | |
| 金宝N110线 | 1.6000 | 2.73 | 2.74 | 0.0100 | 0.0160 | | 0.01 | 0.01 | 0.0000 | 0.0000 | |
| 江南N111线 | 1.6000 | 0 | 0 | 0.0000 | 0.0000 | | 962.12 | 963.15 | 1.0300 | 1.6480 | |
| 万盛N112线 | 1.6000 | 0.67 | 0.67 | 0.0000 | 0.0000 | | 247.66 | 247.66 | 0.0000 | 0.0000 | |
| 兵科N113线 | 1.6000 | 0.01 | 0.01 | 0.0000 | 0.0000 | | 1346.85 | 1348.97 | 2.1200 | 3.3920 | |

2. 公式模版报表查询

在系统查询页面，点击“报表查询”→“公式模板查询”，选择相应公式和查询日期，点击提交，观察报表数据是否完整。

**2016年04月17日宁波网供有功总加数据汇总表**

| 关口表名称 | 1日0时抄见值 | | | | | 月底24时抄见值 | | | | | 差数 | | |
|---|---|---|---|---|---|---|---|---|---|---|---|---|---|
| | 总值 | 峰值 | 平值 | 谷值 | 尖值 | 总值 | 峰值 | 平值 | 谷值 | 尖值 | 总值 | 峰值 | 平值 |
| 鲍家变-#1主变高压侧主表正向有功 | 5192.57 | 1276.05 | 2283.08 | 1633.43 | 0 | 5194.26 | 1276.47 | 2283.79 | 1634 | 0 | 1.690 | 0.420 | 0.710 |
| 鲍家变-#2主变高压侧主表正向有功 | 5272.31 | 1297.01 | 2319.06 | 1656.23 | 0 | 5274.03 | 1297.44 | 2319.78 | 1656.8 | 0 | 1.720 | 0.430 | 0.720 |
| 澶浪变-#1主变高压侧主表正向有功 | 116.89 | 36.54 | 19.49 | 26.19 | 34.67 | 117.11 | 36.6 | 19.52 | 26.25 | 34.74 | 0.220 | 0.060 | 0.030 |
| 澶浪变-#2主变高压侧主表正向有功 | 114.81 | 35.01 | 18.97 | 26.28 | 34.55 | 115.02 | 35.07 | 19.01 | 26.32 | 34.62 | 0.210 | 0.060 | 0.040 |
| 洪塘变-#1主变高压侧主表正向有功 | 7518.18 | 1710.46 | 3118.29 | 2689.42 | 0 | 7523.21 | 1711.57 | 3120.25 | 2691.39 | 0 | 5.030 | 1.110 | 1.960 |
| 洪塘变-#2主变高压侧主表正向有功 | 7562.28 | 1720.84 | 3136.56 | 2704.86 | 0 | 7567.33 | 1721.95 | 3138.52 | 2706.84 | 0 | 5.050 | 1.110 | 1.960 |
| 梅梁变-#1主变高压侧主表正向有功 | 5136.59 | 1196.45 | 2285.19 | 1654.95 | 0 | 5143.39 | 1197.92 | 2288.03 | 1657.42 | 0 | 6.800 | 1.470 | 2.840 |
| 梅梁变-#2主变高压侧主表正向有功 | 3760.55 | 939.34 | 1738.63 | 1082.57 | 0 | 3765.56 | 940.54 | 1740.75 | 1084.26 | 0 | 5.010 | 1.200 | 2.120 |
| 梅梁变-#3主变高压侧主表正向有功 | 2814.9 | 704.8 | 1302.79 | 807.3 | 0 | 2818.66 | 705.7 | 1304.38 | 808.57 | 0 | 3.760 | 0.900 | 1.590 |
| 潘桥变-#1主变高压侧主表正向有功 | 24746.67 | 6205.56 | 10816.93 | 7724.18 | 0 | 24751.11 | 6206.65 | 10818.74 | 7725.72 | 0 | 4.440 | 1.090 | 1.810 |
| 潘桥变-#2主变高压侧主表正向有功 | 12423.82 | 3137.83 | 5414.32 | 3871.67 | 0 | 12428.38 | 3138.95 | 5416.18 | 3873.25 | 0 | 4.560 | 1.120 | 1.860 |
| 潘桥变-#3主变高压侧主表正向有功 | 1409.93 | 363.53 | 622.07 | 424.33 | 0 | 1412.71 | 364.26 | 623.26 | 425.19 | 0 | 2.780 | 0.730 | 1.190 |

# 第五部分　综合辅助系统巡视

## 一、自动化运行监测系统巡视

1. 温湿度巡视

工作内容：打开自动化运行监测系统，点击需要巡视的机房，弹出机房平面图及布置在机房中各传感器显示的温湿度画面，确认每个传感器的温湿度都符合要求。

温度要求：夏季（22±2）℃；冬季（20±2）℃；机房无设备运行 5～35℃。

湿度要求：30%～80%。

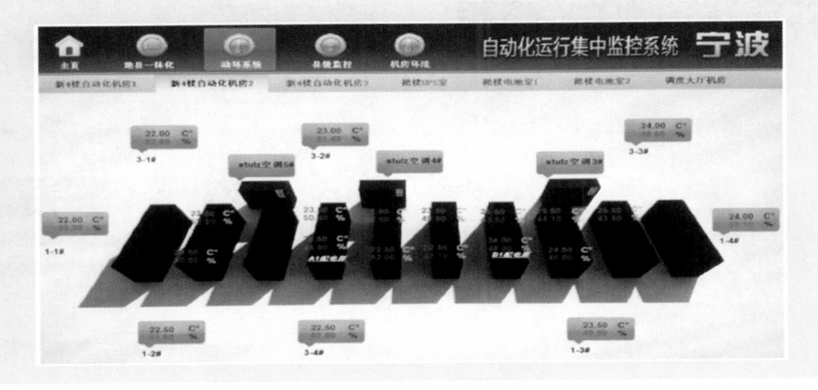

2. UPS 电源

工作内容：打开动环监测系统，点击需要巡视的各 UPS 电源室，点击对应的 UPS 查看系统采集的 UPS 状态和输入输出数值是否正常。

温馨提示：机房环境及动力监控告警集中查询。

打开自动化运行监测系统告警数据展示台，点击告警管理，选择全部告警，即可在实时告警视图中查看是否有未确认未消除的机房环境与 UPS 电源告警状态，按照告警级别进行处理。

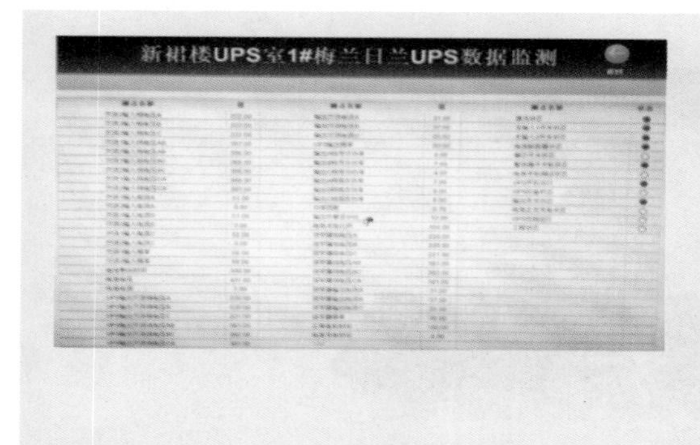


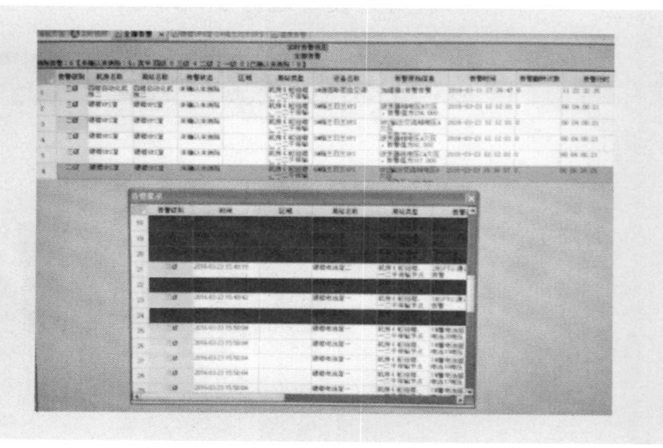

3. 视频系统运行

工作内容：打开视频系统客户端，点击左侧下拉菜单选择机房内的各摄像头，调出视频查看图像显示是否正常以及机房内有无异常现象。

温馨提示：可以同时打开多个摄像头分屏显示，提高巡视效率。

## 二、KVM 切换

工作内容：在控制机浏览器地址栏输入 KVM 管理软件服务器的 IP 地址并登陆，如果目标设备状态“在线”，鼠标单击“connect”，打开被控制机的 KVM 会话窗口。

调出画面查看各设备是否正常，有无死机等异常情况，如正常则切换至下一台设备查看。

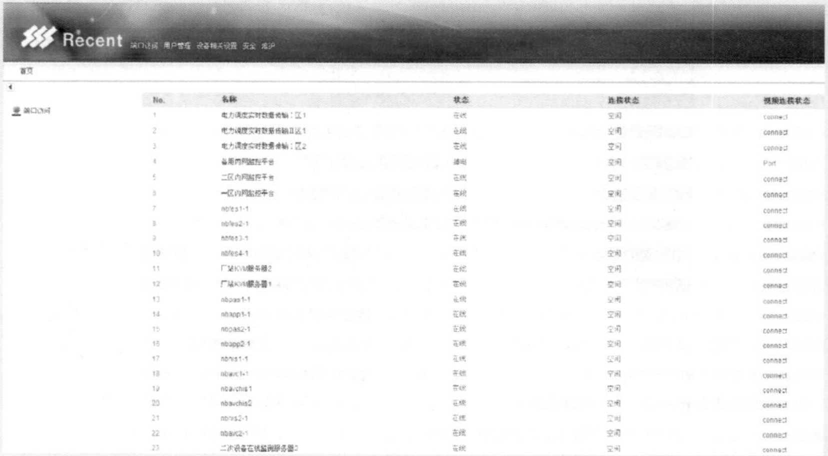

Recent 端口访问 用户管理 设备相关设置 安全 维护

首页

端口访问

| No. | 名称 | 状态 | 连接状态 | 视频连接状态 |
|---|---|---|---|---|
| 1 | 电力调度实时数据传输Ⅰ区1 | 在线 | 空闲 | connect |
| 2 | 电力调度实时数据传输Ⅱ区1 | 在线 | 空闲 | connect |
| 3 | 电力调度实时数据传输Ⅰ区2 | 在线 | 空闲 | connect |
| 4 | 备用内网监控平台 | 掉电 | 空闲 | Port |
| 5 | 二区内网监控平台 | 在线 | 空闲 | connect |
| 6 | 一区内网监控平台 | 在线 | 空闲 | connect |
| 7 | nbfes1-1 | 在线 | 空闲 | connect |
| 8 | nbfes2-1 | 在线 | 空闲 | connect |
| 9 | nbfes3-1 | 在线 | 空闲 | connect |
| 10 | nbfes4-1 | 在线 | 空闲 | connect |
| 11 | 厂站KVM服务器2 | 在线 | 空闲 | connect |
| 12 | 厂站KVM服务器1 | 在线 | 空闲 | connect |
| 13 | nbpas1-1 | 在线 | 空闲 | connect |
| 14 | nbapp1-1 | 在线 | 空闲 | connect |
| 15 | nbpas2-1 | 在线 | 空闲 | connect |
| 16 | nbapp2-1 | 在线 | 空闲 | connect |
| 17 | nbhis1-1 | 在线 | 空闲 | connect |
| 18 | nbavc1-1 | 在线 | 空闲 | connect |
| 19 | nbavchis1 | 在线 | 空闲 | connect |
| 20 | nbavchis2 | 在线 | 空闲 | connect |
| 21 | nbhis2-1 | 在线 | 空闲 | connect |
| 22 | nbavc2-1 | 在线 | 空闲 | connect |
| 23 | 二次设备在线监测服务器2 | 在线 | 空闲 | connect |

接下页▶

温馨提示：KVM 会话窗口操作说明。

▶ 鼠标移动到客户端顶部边缘或按下 F12 键，会弹出下拉菜单。

文件　视图　宏　工具　鼠标　帮助

“文件”菜单：是用于对目标服务器的画面进行全屏截图或指定区域截图的一个工具，所截的图存在本地硬盘。

“视图”菜单：1）“刷新视频”：用于消除屏幕上一些不均匀的色块，等同于按钮。

2）“全屏”：若控制机和被控制机的分辨率不同，被控制机的画面会按比例缩放填满屏幕，等同于按钮。

3）“比例缩放”：“自动缩放”选择后，可以任意对 KVM 会话窗口进行缩放，视频会根据窗口大小自动填充；“全尺寸缩放”选择后，KVM 会话窗口会根据被控制机的实际分辨率来显示。

“宏”菜单：由于一些特殊的组合键无法分别是对控制机还是对被控制机操作，因此将一些常用的组合键做成“宏”命令直接发送到被控制机。常用“宏”有“Ctrl+Alt+Del”“Alt+Tab”“Alt+F4”“Print Screen”。

“工具”菜单：1）“自动视频调整”：让 KVM 对视频重新采样，重新初始化。

2）“手动视频调整”：手动设置亮度、对比度、水平/垂直偏移、像素阀值来调整视频画面的质量。

3）“音频控制”：若被控制机连接的是带音频的模块，则该功能可用，默认“音频输出”是关的，打开后可以将音频信号通过 KVM 传输到控制机。

4）“运行时信息”：可以查看打开会话时的帧率和分辨率，用来判断 KVM 会话是否正常。

帧率（FrameRate）：该数值一般在 15～20 左右为正常，如果帧率很低，则代表着鼠标移动缓慢，需调离“像素阀值”或进行“自动视频调整”如不起作用，则需查明是否为视频源问题。

分辨率（ResolutionRatio）：该数值一般情况下显示为 KVM 获取到被控制机的分辨率。如果该数值出现如“768×576”，与被控制机实际分辨率（如 1024×768）不符，则问题出在被控制机的显卡驱动未安装，需安装正确的驱动程序，也有可能由于视频源干扰过于严重。而 KVM 会话窗口一直显示“视频调整中”。

“鼠标”菜单：由于打开 KVM 会话，窗口内会出现两个鼠标（控制机和被控制机），选择“单鼠标模式”或点击 单鼠标按钮，隐藏控制机的鼠标，此时窗口内只有一个被控制机的鼠标，此鼠标无法移出会话窗口，按 F9 退出单鼠标模式（该快捷键可修改）。

▶退出 KVM 方法一：鼠标移动到 KVM 会话窗口的右上角，直接点击“X”，关闭窗口；

▶退出 KVM 方法二：下拉菜单点击“文件”→“退出”。

## 三、纵向传输平台系统运行状况

纵向传输平台经电力数据网将省调与地调联通进行相关信息交互，所以日常巡视中应注意与省调之间的通信及主备机状态（请标示每张图的查看重点）。

（1）因系统采用集群式KVM系统，可直接通过KVM系统登录到纵向传输平台主备机（重点为纵向传输平台）。

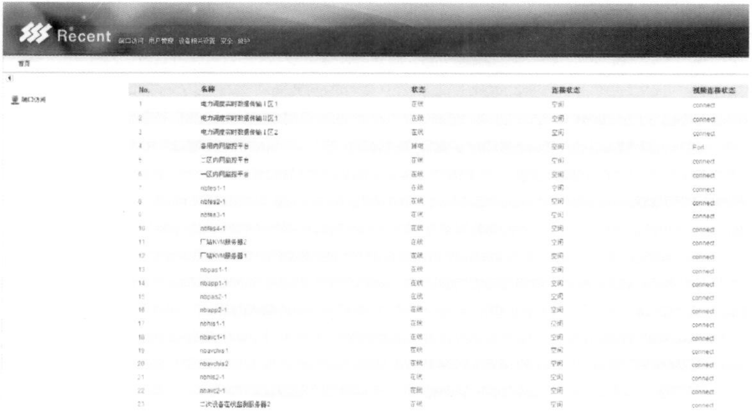

Recent　端口访问　用户管理　设备相关设置　安全　维护

首页

端口访问

| No. | 名称 | 状态 | 连接状态 | 视频连接状态 |
| --- | --- | --- | --- | --- |
| 1 | 电力调度实时数据传输Ⅰ区1 | 在线 | 空闲 | connect |
| 2 | 电力调度实时数据传输Ⅱ区1 | 在线 | 空闲 | connect |
| 3 | 电力调度实时数据传输Ⅰ区2 | 在线 | 空闲 | connect |
| 4 | 备用内网监控平台 | [illegible] | 空闲 | Port |
| 5 | 二区内网监控平台 | 在线 | 空闲 | connect |
| 6 | 一区内网监控平台 | 在线 | 空闲 | connect |
| 7 | nbfes1-1 | 在线 | 空闲 | connect |
| 8 | nbfes2-1 | 在线 | 空闲 | connect |
| 9 | nbfes3-1 | 在线 | 空闲 | connect |
| 10 | nbfes4-1 | 在线 | 空闲 | connect |
| 11 | 厂站KVM服务器2 | 在线 | 空闲 | connect |
| 12 | 厂站KVM服务器1 | 在线 | 空闲 | connect |
| 13 | nbpas1-1 | 在线 | 空闲 | connect |
| 14 | nbapp1-1 | 在线 | 空闲 | connect |
| 15 | nbpas2-1 | 在线 | 空闲 | connect |
| 16 | nbapp2-1 | 在线 | 空闲 | connect |
| 17 | nbhis1-1 | 在线 | 空闲 | connect |
| 18 | nbavc1-1 | 在线 | 空闲 | connect |
| 19 | nbavchis1 | 在线 | 空闲 | connect |
| 20 | nbavchis2 | 在线 | 空闲 | connect |
| 21 | nbhis2-1 | 在线 | 空闲 | connect |
| 22 | nbavc2-1 | 在线 | 空闲 | connect |
| 23 | 二次设备在线监测服务器2 | 在线 | 空闲 | connect |

（2）登录成功后，通过查看节点监视状态可以各通信机实时状态（包括运行时间、报告时间）及与主站系统和省调系统的联通状态（包括本次运行时间、节点报告时间、接收流量和发送流量），正常情况下，有且只有一台主机承担业务，并发送流量和接收流量处在不断增长中。

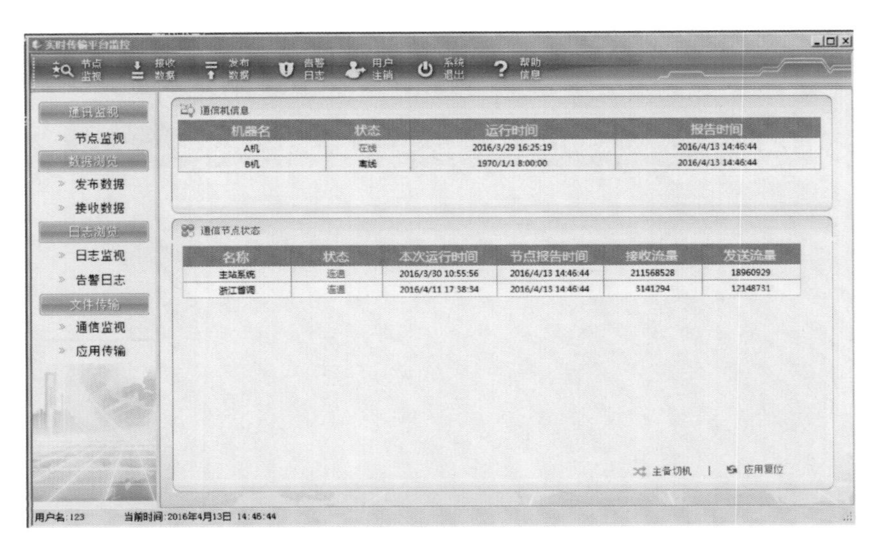

## 四、OMS 巡视记录

工作内容：打开浏览器，在地址栏中输入：http：//10.33.10.15：8082/MWWebSite/login/，进入 OMS 双活系统。

输入用户名和密码进行登录。

进入左侧菜单中自动化专业管理→值班记录→巡视项目管理可查看、编辑巡视项目。

▶双击该项目可选择是否启用。

▶点击“新建”按钮可新建一条巡视项目。

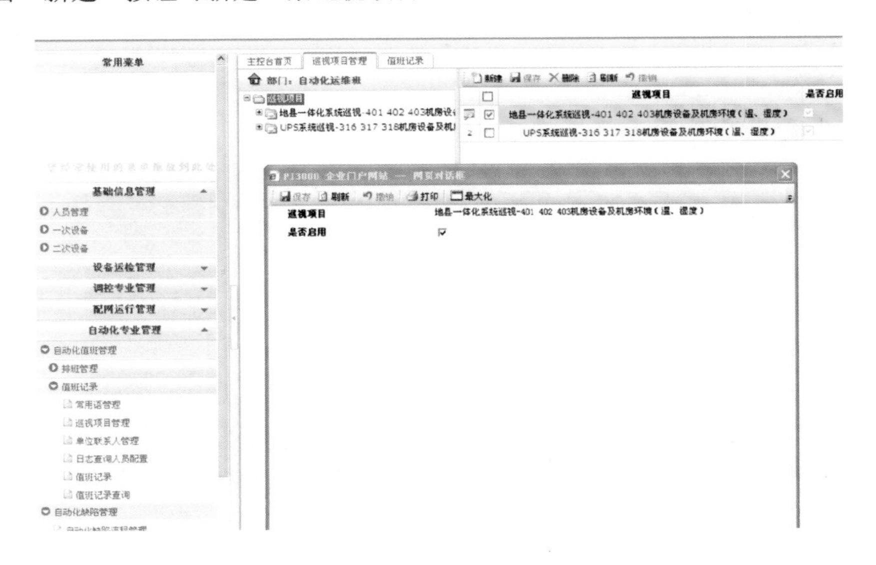

进入左侧菜单中自动化专业管理→值班记录→值班记录，在日志分类菜单下选择“运行设备巡视”，可在右侧进行巡视记录操作。

点击表格右侧栏的“巡视时间”可以记录本次巡视时间。

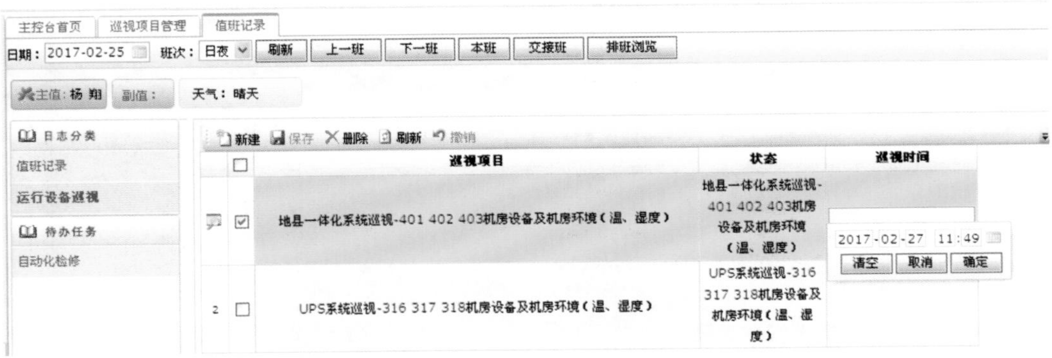

|  | □ | 巡视项目 | 状态 | 巡视时间 |
|---|---|---|---|---|
| 2 | □ | UPS系统巡视-316 317 318机房设备及机房环境（温、湿度） | UPS系统巡视-316 317 318机房设备及机房环境（温、湿度） | 2017-02-17 08:25:00 |
| 3 | □ | 地县一体化系统巡视-401 402 403机房设备及机房环境（温、湿度） | 地县一体化系统巡视-401 402 403机房设备及机房环境（温、湿度） | 2017-02-17 12:40:00 |
| 4 | □ | UPS系统巡视-316 317 318机房设备及机房环境（温、湿度） | UPS系统巡视-316 317 318机房设备及机房环境（温、湿度） | 2017-02-17 12:55:00 |
| 5 | □ | 地县一体化系统巡视-401 402 403机房设备及机房环境（温、湿度） | 地县一体化系统巡视-401 402 403机房设备及机房环境（温、湿度） | 2017-02-17 17:40:00 |
| 6 | □ | UPS系统巡视-316 317 318机房设备及机房环境（温、湿度） | UPS系统巡视-316 317 318机房设备及机房环境（温、湿度） | 2017-02-17 17:55:00 |
| 7 | □ | 地县一体化系统巡视-401 402 403机房设备及机房环境（温、湿度） | 地县一体化系统巡视-401 402 403机房设备及机房环境（温、湿度） | 2017-02-18 07:40:00 |

▲要求每班平均进行四次巡视并记录

▲插图 1 张：巡视人员在巡视记录页面进行记录

# 第六部分　机房设备巡视

## 一、服务器硬件设备运行检查

### 1. 服务器

检查确认SCADA、PAS、AVC、Web、前置等服务器、磁盘陈列外观完好整洁，标签完好，电源指示灯、运行状态指示灯、网络指示灯、磁盘陈列指示灯是否正常，前置面板无告警、服务器风扇无异常。

**IBM 服务器**

左方绿灯为运行灯，右方有“！”的灯为告警灯。正常情况右方灯不亮。

硬盘指示灯：绿色闪烁代表硬盘运行正常、橙色闪烁代表硬盘运行异常。

主备电源运行指示灯、网络指示灯绿灯为正常

浪潮服务器

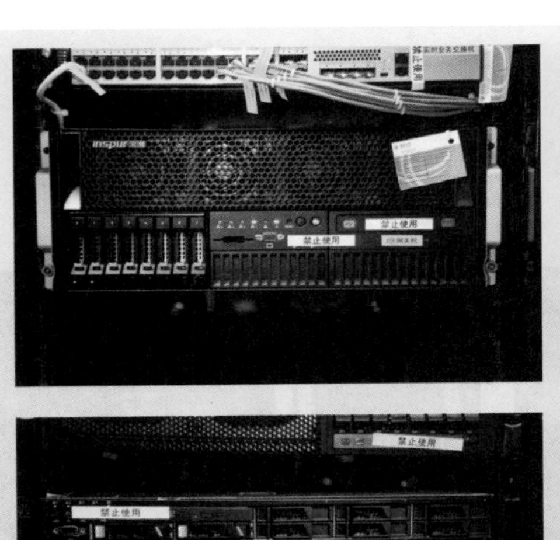
inspur浪潮
禁止使用
禁止使用

禁止使用
禁止使用

2. *磁盘陈列*

运行灯绿灯为正常。

硬盘指示灯：绿色闪烁代表硬盘运行正常、橙色闪烁代表硬盘运行异常。

## 二、前置采集设备运行检查

检查确认前置数据采集设备外观完好整洁，标签完好，电源指示灯、运行状态指示灯、网络指示灯是否正常，前置面板无告警、服务器风扇无异常。

端口状态，TX 代表发送，
DX 代表接受，正常应该闪亮

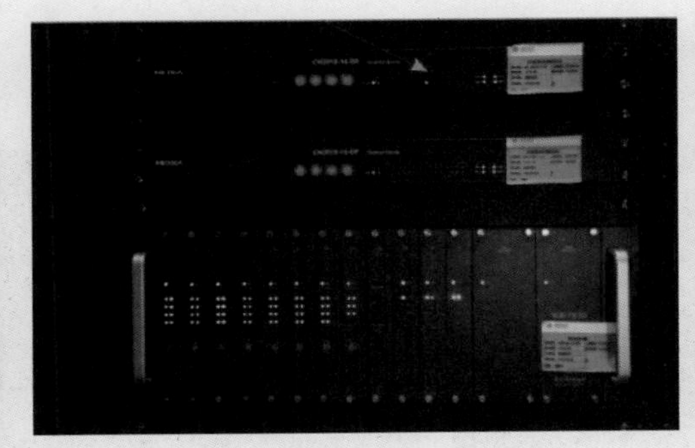

MOXA 多串口转换装置

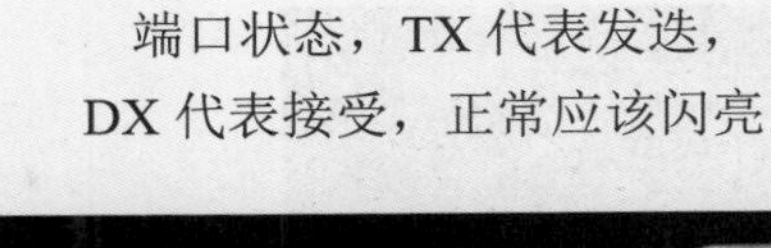

端口状态，TX 代表发送，
DX 代表接受，正常应该闪亮

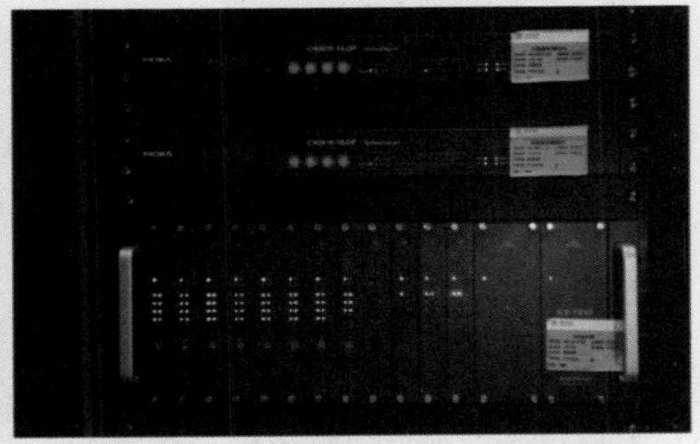

通道箱和通道板

## 三、网络设备运行检查

检查确认路由器、交换机外观完好整洁，标签完好，电源指示灯、运行状态指示灯、网络指示灯是否正常，风扇无异常。

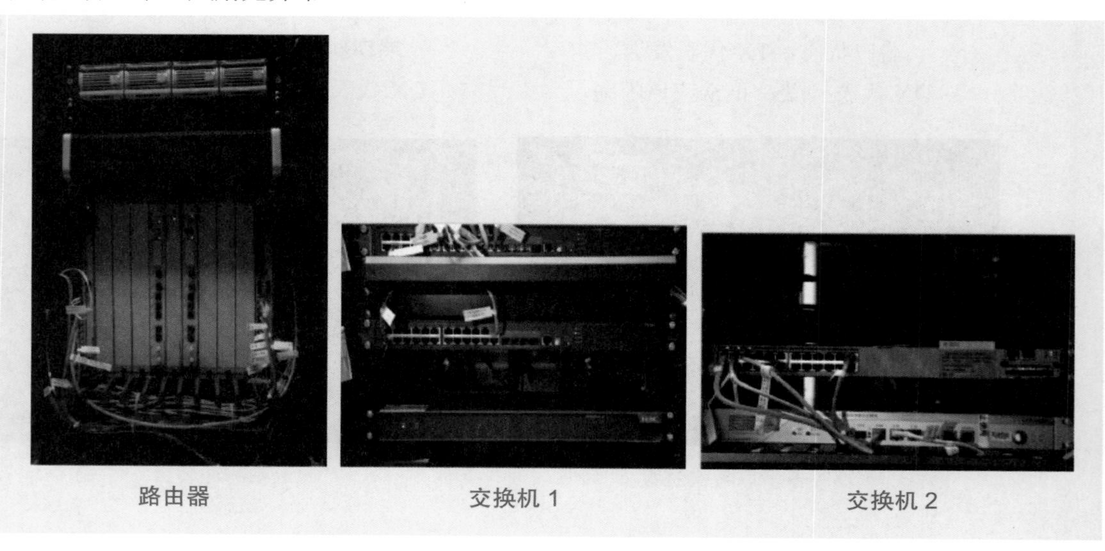

路由器　　交换机 1　　交换机 2

## 四、安全防护系统

检查确认纵向加密认证装置、正反向物理隔离装置外观完好整洁，标签完好，电源指示灯、运行状态指示灯、网络指示灯是否正常、服务器风扇有无异常。

纵向加密认证装置

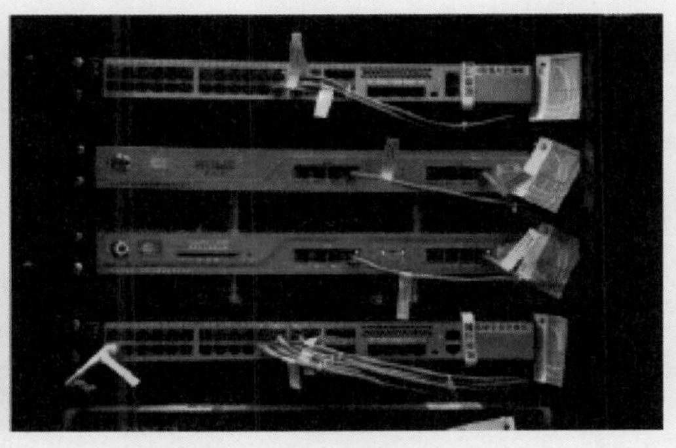

物理隔离装置（正反向）

## 五、精密空调等设备检查

检查确认空调外观完好，正常送风，工作指示灯正常，面板无告警，温度湿度等各项数值显示正常。发现异常或告警及时通知维保厂家处理。

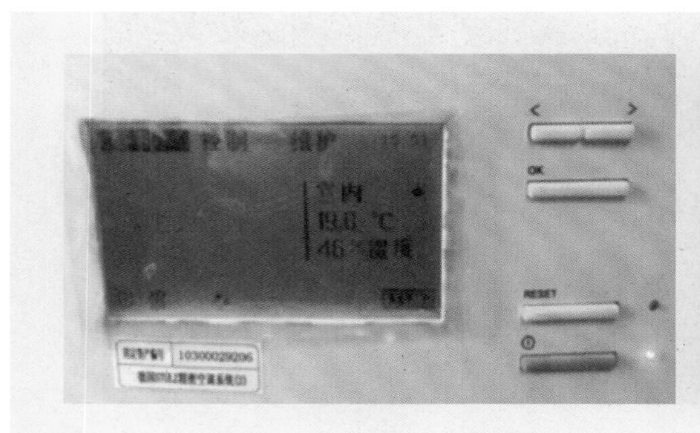


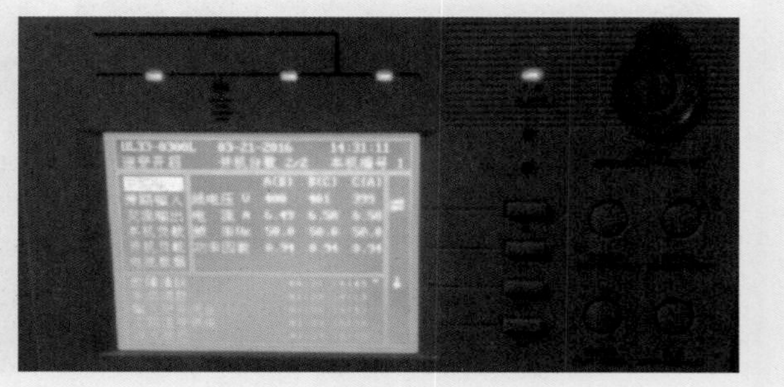

## 六、UPS 电源系统设备检查

检查确认外观完好整洁，标签完好，指示灯正常，UPS 处于在线工作状态，电池处于浮充状态，无告警事件。

主路输入要求交流线电压在 323～437V 范围内；交流输出要求相电流在 0～80A 范围内。

## 七、对时装置设备检查

检查确认对时装置外观完好整洁，标签完好，电源灯亮，指示灯正常，面板无告警，时间及频率刷新正常。

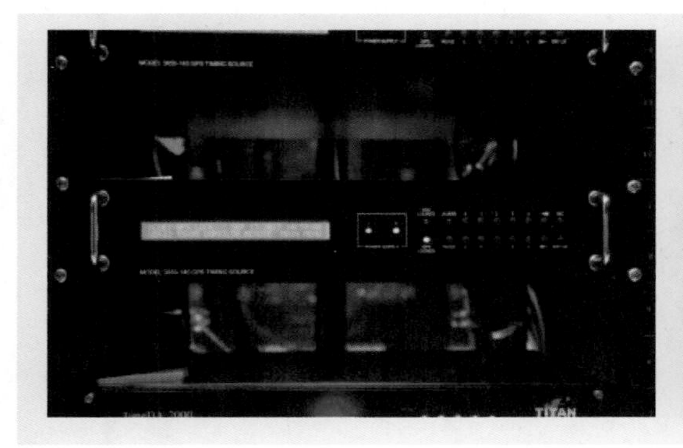

## 八、门禁、照明、温湿度及消防检查

检查确认门禁系统使用正常，机房照明设施良好；查看机房内温湿度表读数是否在正常范围内，温度要求夏季保持在（22±2）℃，冬季保持在（20±2）℃，机房无设备运行时保持在 5～35℃，湿度要求在 30%～80%之间；检查消防器材在有效日期内并做好定期巡检记录，灭火器压力正常。

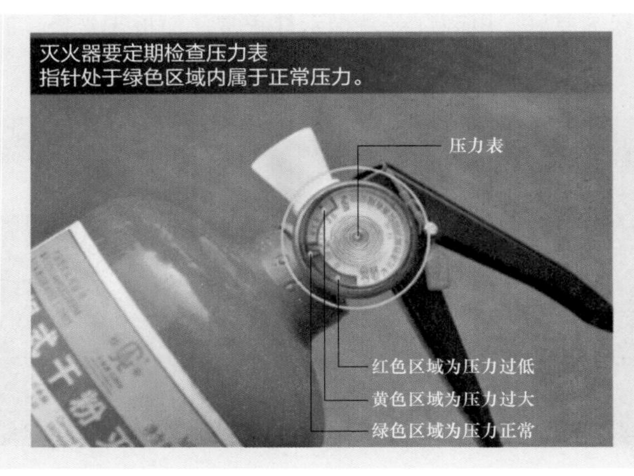

# 第七部分　现场应急处置

## 一、SCADA 系统巡视应急处置

### 1. 地调主系统异常应急处置

地调值班人员巡视发现地县一体化自动化系统功能异常，无法满足调控运行需求时，首先进行服务器主备机切换、主要应用重启、故障设备重启或者更换等方式尝试恢复系统，若以上措施仍无法恢复系统，则值班人员应立即通知自动化管理人员并采取以下措施：

（1）断开主备系统级联，确保主、备系统独立运行。

（2）通知市公司各应用部门，将备系统作为主用系统，加强备系统运行监视。

（3）断开各县调子系统级联，子系统主动解列。

（4）协助自动化管理人员分析异常现象，排查、定位异常点，排除故障。

县调应采取以下措施：

（1）立即停止图形、数据库等维护工作。

（2）立即查看县调前置服务器的 SCADA 应用是否正常启动。

（3）按照地调要求进行地县调互联的断开、子系统的两台交换机级联等操作。

（4）采取措施缩小异常影响范围，加强子系统运行状态监视并及时反馈。

2. 县调子系统异常应急处置

县调值班人员巡视发现县调子系统功能异常，无法满足调控运行需求。若此时主系统运行正常，首先怀疑主、子系统间数据交互异常，县调值班人员应立即将子系统解列运行并通知地调，县调应采取以下措施：

（1）主动解列子系统并将两台延伸交换机级联。

（2）若子系统解列后仍无法恢复，则通知县调调控启用备调系统。

（3）子系统解列后，观察 SCADA 和 PUBLIC 等主要应用是否启动，并加强子系统运行状态监视并反馈地调。

地调自动化人员应采取以下措施：

（1）协调相关县调断开子系统与主系统的互联，加强主系统运行状态监视。

（2）指导县调进行相关测试、原因分析和故障排除。

（3）故障排除后协调县调恢复子系统与主系统级联，观察系统运行状态。

3. 系统解列应急处置

地调或县调值班人员巡视发现地县一体化系统解列时，应立即通知自动化管理人员。地调自动化人员应采取以下措施：

（1）指导出现解列情况的县调断开主系统和子系统的互联，并将两台县调延伸交换机级联。

（2）指导相应县调排查解列原因，定位异常点和排除故障。

（3）故障排除后，指导相应县调恢复子系统与主系统互联。

县调自动化人员应采取以下措施：

（1）按照地调要求进行级联的断开和连接等操作。

（2）加强子系统运行状态监视并及时向地调反馈。

（3）配合地调确定解列原因，排除故障。

4. 备调系统异常应急处置

地调值班人员巡视发现备调系统异常（厂站大批量退出、数据不刷新或者系统各类功能异常），及时通知自动化管理人员检查处理。

## 二、调度数据网及安防系统巡视应急处置

1. 调度数据网巡视应急处置

当自动化运行巡视人员发现 104 业务前置机无法接收厂站远动装置的数据时，可初步判断为调度数据网的问题，应按照如下步骤进行判断和处置：

（1）判断是大面积或单个厂站无法接收。

| 故障范围 | 详细描述 | 可能的原因 |
| --- | --- | --- |
| 大面积的无法接收 | 出现大面积的厂站数据无法接收，不区分各地区局 | 主站前置机、主站前置机到数据网平面或平面本身出现问题 |
| 小范围的部分厂站或单个厂站无法接收 | 该小范围厂站属于同一个区域，或只有单个的厂站无法接收 | 该区域的汇聚点出现问题，或该厂站出现问题 |

（2）判断前置机到平面子区的网络情况（前置网络）。可以在前置机上 ping 前置网络的网关 IP 来判断，如果上述地址无法 ping 通或丢包超过 1%，说明前置网络存在问题，通知网络维护人员处理。

（3）判断厂站的问题。可以 ping 厂站实时业务交换机的地址来确定主站到厂站数据网设备是否正常。如果能够 ping 通厂站实时业务交换机，但是 ping 不通厂站远动装置的地址，说明问题可能出在厂站远动装置。如果厂站实时交换机的地址 ping 不通（或丢包率大于 3%），那么问题应该出在数据网。通知网络维护人员排查故障。

2. 安防系统巡视应急处置

主站侧纵向加密装置故障：第一时间联系加密装置厂家进行远程或现场排错检查。

厂站侧纵向加密装置故障：可临时旁路加密装置，将交换机与路由器直连，同时联系加密装置厂家进行远程或现场排错检查。

防火墙设备故障时，可以临时将防火墙设备旁路，通知厂家进行设备抢修，待设备恢复后再接入网络。

## 三、电能量采集计量系统巡视应急处置

### 1. 前置采集异常

若巡视发现前置采集有离线情况，需手动重启前置采集进程。

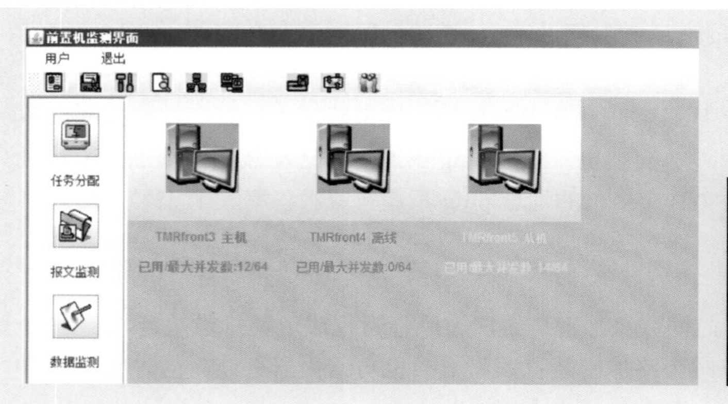

在前置机桌面，双击“关闭前置采集”，再双击启动“前置采集”。稍后在前置界面查看前置采集状态，均显示在线即表明恢复正常。

2. 系统查询界面异常

若三区 Web 发布的系统查询界面无法打开，是由于三区接口服务区上的 Tomcat 进程故障，需重启该进程。具体步骤：

（1）杀掉原进程进程名或者查找命令：ps–eflgrep Tomcat/kill…？

（2）在三区接口服务区上，启动该进程。路径为/users/Tomcat6/bin/startup.sh

3. 报表查询异常

若三区 Web 发布的报表查询无法打开，是由于三区接口服务区上的 tomcat 进程故障，需重启该进程。具体步骤：

（1）杀掉原进程进程名或者查找命令：ps–eflgrep Tomcat/kill…？

（2）在三区接口服务区上，启动该进程。路径为/users/tomcat_6.0.29/bin/startup.sh

## 四、自动化机房 UPS 介绍及应急预案

1. 调度 UPS 电源系统正常运行方案综述

调度大楼交流电源有 UPS 电源系统和市电两电部分组成。UPS 电源系统部分由 4 台单机容量为 200kVA UPS 供电，每台后备 1000Ah 384V 蓄电池各一组，备用时间为 6h。蓄电池安放在三楼蓄电池室，位于 UPS 电源房两侧。市电部分大楼配电房有两条线路接入供电，UPS 主交流电源输入和备用交流（旁路）电源输入直接从市电配电柜引出，四台 UPS 两两并列输出，经

UPS 输出柜分路至调度台、自动化机房、DTS 机房配电柜，只对机房重要设备供电。

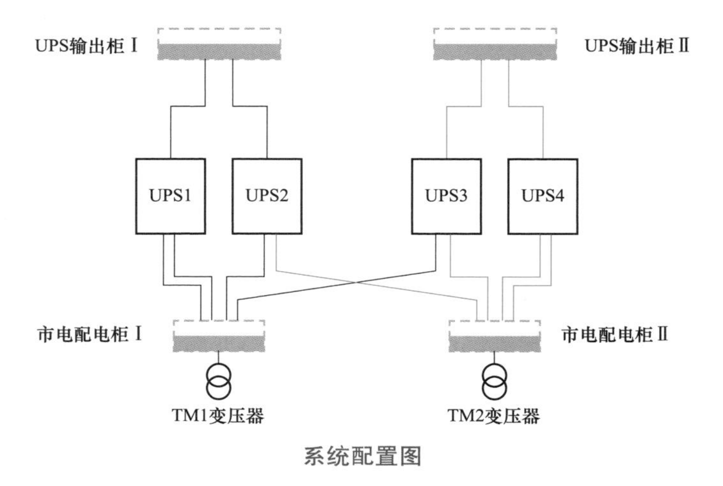


系统配置图

2. UPS 主机空开名称说明

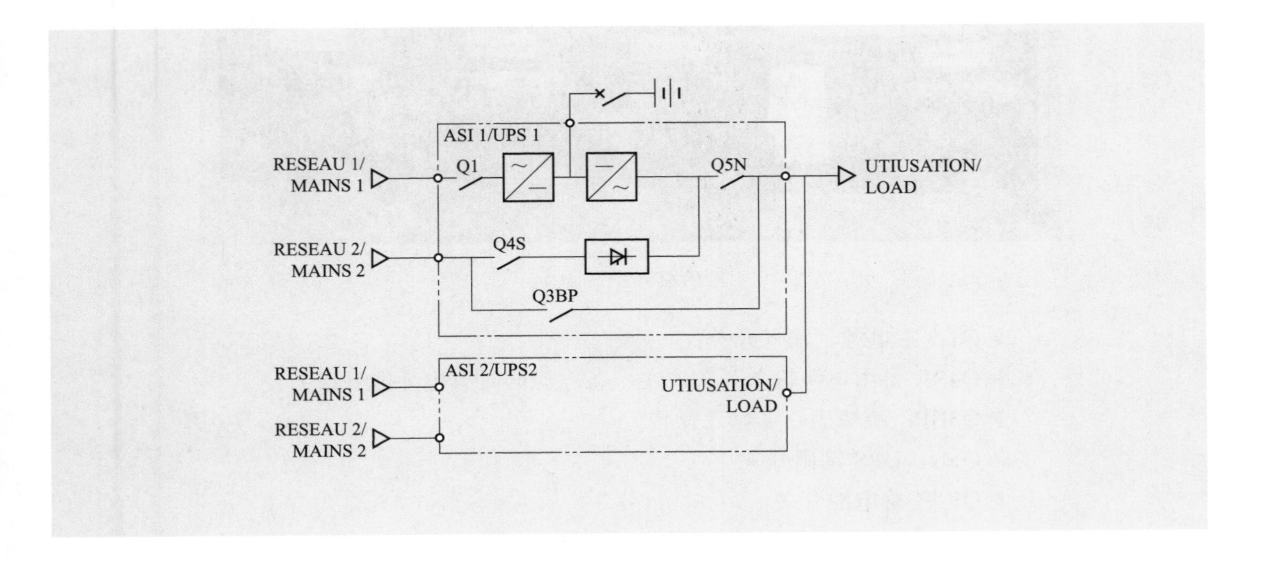

柜内空开把手图示

▶Q1：主电源、输入开关

▶Q4S：备用电源输入开关（主、备电源同时有电才能开机）

▶Q3BP：维修旁路（禁止操作）

▶Q5N：UPS 输出开关

▶QF1：蓄电池开关

3. UPS 机面板指示说明

▶面板图示

指示灯说明：

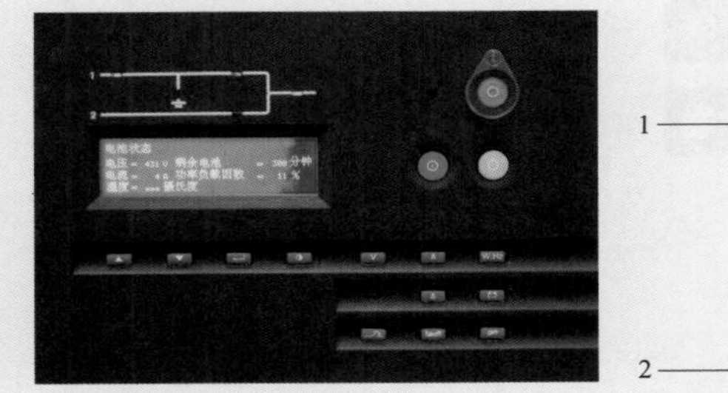

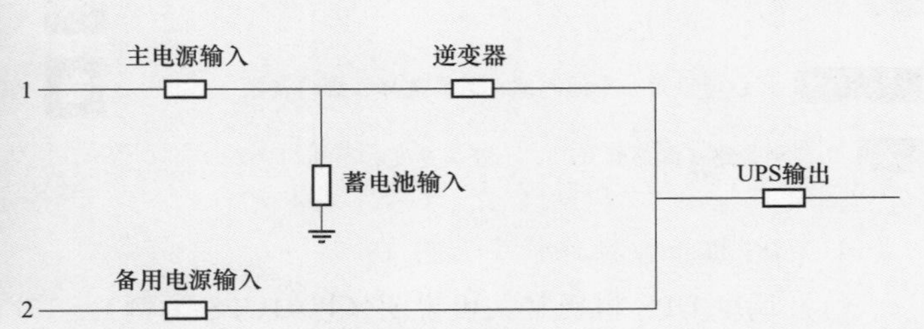


正常工作时，主电源输入灯、逆变器灯、UPS 输出灯亮，其余灯灭。

按键说明：

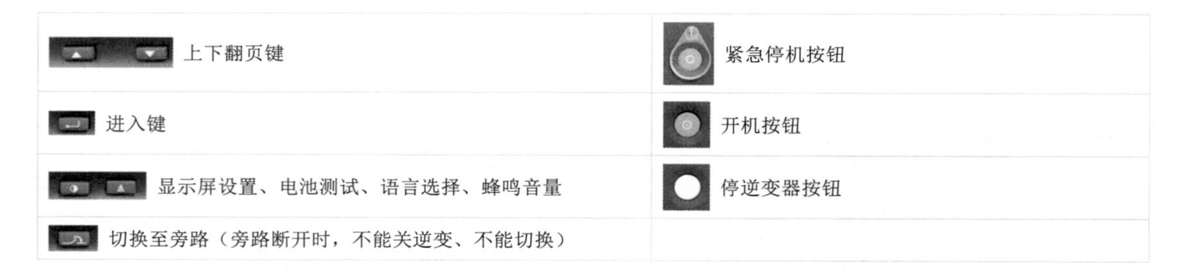

| | |
|---|---|
| 上下翻页键 | 紧急停机按钮 |
| 进入键 | 开机按钮 |
| 显示屏设置、电池测试、语言选择、蜂鸣音量 | 停逆变器按钮 |
| 切换至旁路（旁路断开时，不能关逆变、不能切换） | |

4. UPS 机正常操作顺序说明

（1）调度 UPS 机正常关机说明（以#1UPS 为例）。

1）关 UPS 机逆变：按 UPS 机灰色按钮 3s，停止 UPS 机逆变器。

2）断输出：分 UPS 机 Q5N（UPS 输出开关）。

3）断旁路输入：分 UPS 机 K2［备用（旁路）电源输入开关］。

4）断蓄电池输入：分 UPS 机 QF1（蓄电池开关）。

5）断主输入：分 UPS 机 K1（主电源输入开关）。

（2）调度 UPS 机正常开机说明。

1）送主输入：合 UPS 机 K1（主电源输入开关）。

2）送旁路输入：合 UPS 机 K2［备用（旁路）电源输入开关］。

3）送蓄电池输入：UPS 机启动后约 10 秒钟，视 UPS2 机面板蓄电池指示红灯亮后，合两台 UPS 机的 QF1（蓄电池开关）。

4）启动逆变：等数秒钟，电池指示灯灭后，按 UPS 机面板绿色按钮，启动 UPS 逆变器。

5）送输出：合 UPS2 机 Q5N（UPS 输出开关）。

5. 调度 UPS 电源系统故障时的应急处理方案

针对目前调度大楼交流电源现状，为保障调度指挥系统正常工作，制订调度大楼交流电源失电后的紧急处理预案。一旦调度大楼交流电源失电，按紧急处理预案执行。

（1）系统故障可以采取的计划措施。两台 UPS 机任何一台发生故障，可保证单机正常运行；两台 UPS 机逆变系统同时发生故障，系统自动切换至旁路状态；对于双路交流输入电源中断，则改由柴油发电机供电；对于两台 UPS 系统同时故障，且无法切换至旁路状态，造成设备失电时，将利用 UPS 机的检修开关手动切换至由市电直接向负载供电，在较短时间内恢复设备供电。整个系统都接入机房动力监控系统。

（2）断电的处理措施：

1）UPS 电源系统备用（旁路）电源输入断电时，UPS 由主电源经逆变继续供电，负载受保护。

2）UPS 电源系统主电源输入断电时，UPS 由蓄电池经逆变继续供电，负载受保护，按电池容量目前至少可保证在交流输入失电后负载 4h 供电。

3）UPS 电源系统主电源输入、备用（旁路）电源输入均断电时，UPS 由蓄电池经逆变继续供电，负载受保护；若时间较长，需考虑 UPS 容量不足，可以采取的紧急措施主要为根据电源负荷的重要性级别，拉掉一些负荷。必要时通知物业启动后备发电机。

（3）调度 UPS 机故障处理：

1）UPS 机一台故障，会自动切断其输出（同步通信软件控制），负载转由另一台继续供电，负载受保护。为便于检修和防止蓄电池过度放电，按照 UPS 正常关机顺序，关闭故障的 UPS 机。

2）UPS 机两台均故障，无输出断负载时，应立即联系厂家，是否可暂时合 UPS 机维修旁路空开切换至由市电直接向负载供电。

（4）配电柜故障处理：

1）各机房 UPS 分配电柜故障时，则应先断开上级配电柜相对应的输出空气开关，查找处理故障点后再按配电柜正常操作顺序送电。

2）机房 UPS 分配电柜某路电源故障时，则应先断开本配电柜此路电源的小空气开关，查找处理故障点后再按配电柜正常操作顺序送电。

6. 自动化机房设备 UPS 供电电源部分

（1）部分设备失电的处理。当发现部分设备失电后，在确定其他设备供电正常的情况下，处理步骤如下：

1）若配电屏无故障告警，则检查电源接线板及接触是否良好。

2）若配电屏有故障告警（空气开关跳开），则查找故障原因。

3）若电源上有人工作，判断是否在该路接上空开过载负荷。

4）该路是否存在设备故障。在查明原因，排除故障后，恢复设备正常供电。

（2）所有设备失电的处理。当发现所有自动化机房运行设备失电时，处理步骤如下：

1）及时通知相关部门人员和领导。

2）查找故障原因。

3）若为内部原因，则找到故障点并尽快排除后，按设备重要性依次恢复各系统。

4）若为外部供电源原因，在 UPS 正常供电后，恢复各系统；若 UPS 暂时无法供电，则把各设备电源切换到市电，待 UPS 恢复正常后，再切换回去。

5）恢复 UPS 供电具体步骤如下：① 拉开各分路空气开关；② 合上总开关，再依次合上各分路空气开关。

7. 调度大楼交流电源失电紧急处理预案

（1）调度大楼交流电源失电后，自动化当值即与小区变专职人员联系，询问原因及恢复时间。

（2）如果 2h 内不能恢复交流电源，自动化调度当值汇报自动化主管运行科长和电源主管，通知电源维护专职、自动化等相关人员到位。

（3）如遇下列情况，执行如下限电方案：

1）电池放电时间已达 1h，且 2h 内不能恢复交流市电，关闭自动化、调度各专业由 UPS 供电的管理用的工作电脑，打印机。

2）电池放电时间已达 3h 或电池容量已放出总额定容量的 30%，且 1h 内不能交流供电，则由自动化专责人员关闭调度生产管理系统的所有设备；关闭电量计费系统的所有设备（服务器、拨号 MODEM、前置机）。

3）若电池连续放电已达 5h 或电池容量已放出总额定容量的 60%，则由自动化专责人员依次关闭 SCADA 系统的 Web 服务器维护工作站，调度员工作站，前置机工作站及电量采集设备、服务器。

4）电池容量已放出额定的70%，或电池组有10%的电池电压低于极限值，则调度各专业应迅速停用全部负载。否则电源专职维护人员在告知相关专责人员的前提下，直接拉开各专业机房的负载总开关。

（4）交流恢复供电后，依次开启已关闭的设备。

## 内 容 提 要

为适应地市电力调度控制自动化“地县一体化”新运行模式，推动新运行模式下调度控制自动化系统运行值班工作的标准化、规范化，规避运行风险，确保电网调度控制自动化系统安全稳定运行，国网宁波供电公司基于在实际工作过程中的经验总结，特编写了本书。

全书共分为七个部分，分别为前期准备、调控技术支持系统巡视、调度数据网及安防系统巡视、电能量采集计量系统巡视、综合辅助系统巡视、机房设备巡视、现场应急处置。

本书可供从事电力调度工作的相关专业技术及管理人员使用。